自然・健康・零負擔

無蛋奶麵粉！

第一次就烤出香綿生米麵包

Leto 史織（リト史織）

瑞昇文化

Introduction

前言

米麵包是一項非常健康的食品。
我一直希望，能使用讓自己安心的原料，
輕鬆做出好吃的米麵包……
在長年鑽研飲食健康的課題之下，我領悟到一件很重要的事情——
使用簡單的食材，用簡單的方式調理是最好的。
這個念頭使我開始考慮不使用市售米麵粉，
而是用新鮮的米粒來製作米麵包。
接著便想，自己有沒有辦法模仿工廠的作法，
在家裡製作米麵粉呢？
於是我試著直接將生米倒入果汁機。
將黏糊糊的米糊倒入模具，帶著期待的心情送入烤箱，
最後烤出了……軟綿綿、香噴噴的麵包。
嘴裡塞滿剛出爐的美味麵包，真的是太幸福了！

自那天起，我走進了製作「生米麵包」的生活。
腦袋裡從早到晚都是麵包的事情，
怎麼樣的原料比例才能做出更好吃的麵包？怎麼樣做更簡單……
看著廚房裡的果汁機轉呀轉，心中也萌生一些想法，
我希望讓更多的人，
品嘗到生米麵包的美味。
於是我將源自這份心意而誕生的「生米麵包」，
都收進了這本書裡，每一種都分外美味。

我希望所謂的「食物」，
是讓任何坐在同一張桌上的人都能開心享用的東西。
而我亦相信，生米麵包可以實現這個願望。
「今天的米要煮成飯？還是要做成麵包呢？」
願這樣的日常對話，能遍布全世界。

Leto史織

Contents

目錄

Chapter 4

不需要烤箱的簡單麵包
用平底鍋做生米麵包

Chapter 5

妝點生活的餐桌好煮意
生米麵包配菜

閱讀須知

- 有關食材表中米的重量，以（）內泡水後的重量為準。
- 單位部分，1小茶匙＝5mℓ、1大茶匙＝15mℓ、1杯＝200mℓ。單位g後頭的（）為參考分量。模具尺寸之標示為內徑尺寸。
- 烘烤時間僅供參考。請根據所使用之烤箱的說明書，並配合機種特色，觀察麵包狀況進行調整。
- 米的水分含量可能因品牌、產地、季節而有所差異，請觀察混合後的米糊濃稠度，自行增減水量。
- 即使未特別註記，蔬菜類材料也皆須事前進行清洗、去皮等處理。
- 使用豆漿為成分無調整豆漿。
- 堅果、豆類、香草類原則上皆為未經調理的新鮮狀態。
- 椰子油凝固時，需先加熱融化後再使用。

生米麵包的優點

1 簡單！

只要攪，不用揉

製作生米麵包時，只要材料準備好，剩下的就可以交給果汁機搞定。不需要在桌上撒麵粉，然後費力地揉麵糰……不僅步驟簡單，做完後要洗的東西也很少。

只需要發酵1次

絕大部分的麵包在烘烤之前都要經過2次發酵，不過生米麵包只需要發酵1次即可。發酵次數少，相對地製作時間也短，隨時想到隨時都能動手做。

對身體很好！

完整保留
生米營養成分！

像米麵粉這種已經加工過的產品，難免會有容易氧化的問題。不過製作生米麵包時是從米粒開始自行粉碎，過程中氧化程度較少，可以完整保留新鮮稻米的營養。

不使用
麵粉、蛋、乳製品！

書中食譜皆為全素食譜，完全使用植物性食材。此外也沒有使用小麥，所以有過敏體質的讀者也可以安心享用。

味道好吃！

放到隔天還是好吃！

生米麵包的特色，在於不但剛出爐時好吃，就算放到隔天，口感變得較為濕潤還是很好吃。使用生米而非加工製成的米麵粉，才能保有這種優點。

又鬆又軟、又Q又彈！

米含有2種澱粉，分別是支鏈澱粉和直鏈澱粉。由於米中的這2種澱粉達到完美的平衡，才造就生米麵包特有的鬆軟Q彈口感。

製作生米麵包的器具

不必準備特殊工具，
會用到的幾乎都是基本調理器具。
只要有這些器具，就能馬上開始製作。

果汁機

製作生米麵包所不可或缺的器具。最好選擇攪拌力較強的機種，才可以將米粒攪得細碎，做出質地細緻、蓬鬆的成品。即便使用其他攪拌機器或食物調理機，只要注意幾個重點（參照p.21），一樣可以烤出香噴噴的生米麵包。

Leto老師所使用的機種：
Vitamix E310、Vitamix TNC5200（以上購自Entrex）

模具

「基本版生米麵包」使用1/3斤吐司模具（照片左）製作。百圓商店販賣的小型磅麵包模也OK。若模具尺寸太大，麵包可能會膨脹不起來，所以請參考食材表中標註的模具大小，挑選尺寸相近的類型。

Leto老師所使用的產品：
Slim吐司模（1/3斤／16.5×6.2×6cm）（富澤商店）

廚房用具

新手建議使用電子秤測量材料分量。另外，使用白神小玉酵母等酵母時，溫度控管十分重要，所以不習慣的人可以使用溫度計輔助。用來刮拌米糊的矽膠刮刀、適時替容易乾燥的米糊補充水分的噴霧器也都是必備品。生米麵包的米糊容易沾黏在器具表面，所以模具內一定要鋪一層不沾黏的矽油烘焙紙。而一般搭配馬芬模使用的烘焙紙杯，也最好使用矽油紙材質。

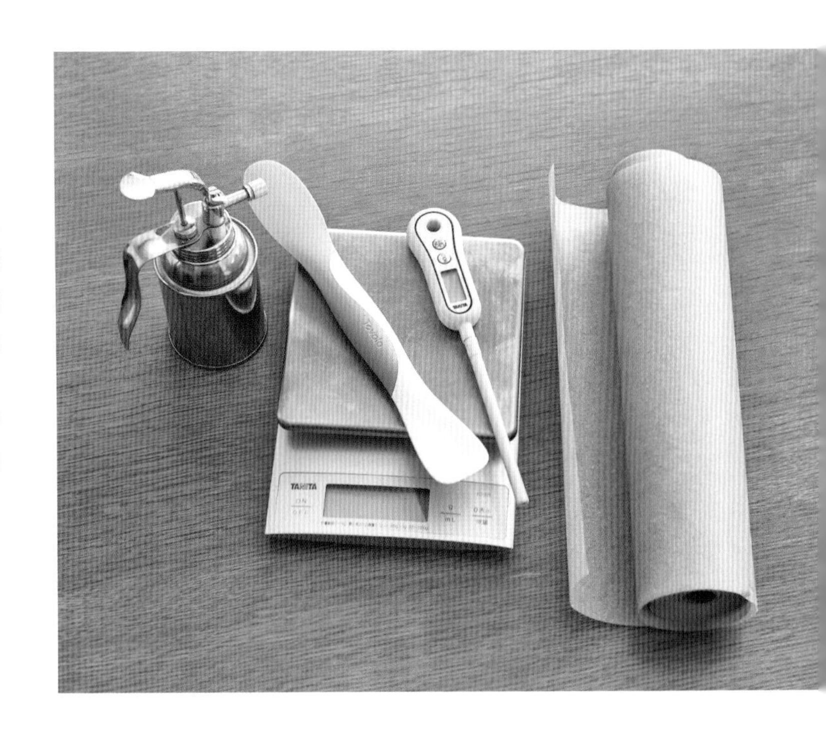

烤箱

第一次烤的時候從外面觀察烘焙的焦色狀況

使用電烤箱或瓦斯烤箱都沒問題。在掌握烤箱性能之前，記得要邊烤邊觀察麵包表面的焦色狀況。若烤不出焦色，則調高烘烤溫度，而非拉長烘焙時間。

烤箱必須事先預熱確保烘焙一開始就有足夠的溫度

一般來說，常溫下的烤箱必須花費5～10分鐘才能加熱到設定的溫度。若不事先預熱就將米糊送入烤箱，成品狀態可能會不如預期。

製作生米麵包的材料

基本食材只有6項。
用料雖然簡單，但也可以
玩出各種有趣的花樣。

米

炊煮後口感濕黏的米（如越光米）可以做出Q彈的麵包，而煮出來比較粒粒分明的米（如笹錦米）則可以做出蓬鬆的麵包。即使是同樣的品牌，產地不同、收穫時期不同也會影響稻米的性質。糙米和發芽糙米等雜糧也可以拿來製作生米麵包，不過糯米則因為黏性太強，比較不適合。

Leto老師所使用的產品：森林的寶藏米 朝日（宍戶農園）

酵母

本書食譜選用的白神小玉酵母是以天然酵母加以培養而成，可以替麵包帶來很棒的風味。一般的酵母需要先用溫水泡開再使用，不過生米麵包則不需要這個步驟。速發乾酵母的可發酵溫度範圍很大，非常推薦生米麵包新手使用。

Leto老師所使用的產品：白神小玉酵母 乾（SARA秋田白神）

糖類

酵母菌的飼料，可以幫助米糊膨脹，同時也具有增加麵包口感濕潤度與保存期限的功用。本書食譜中雖然使用楓糖漿，但以普通的砂糖或蜂蜜代用也沒問題。建議選擇精緻度較低的產品。

Leto老師所使用的產品：Organic Maple Syrup Golden／Delicate Taste（嚴選食材572310.com）

鹽

能提出米本身的香甜，增添麵包的風味。精緻鹽巴的鹹味可能會太過銳利，建議使用海鹽或岩鹽。此外，鹽巴的種類和粗細也會影響鹹度，各位不妨嘗試各種鹽巴，找出自己喜歡的種類與用量。

Leto老師所使用的產品：能登 輪島海鹽（美味與健康）

油

添加油脂，有助於麵包口感更加綿密柔軟，質地外觀也會比較細緻。當然也可以使用菜籽油、橄欖油、椰子油，選自己喜歡的即可。建議使用「壓榨法」製作的油，這種製法是利用壓力榨出原料中的油，完整保留了原料的營養成分。

Leto老師所使用的產品：平出的菜籽油（平出油屋）

熱水

用意在使米糊達到酵母活性較高的溫度。不過即使食譜上標示「50℃熱水」，也不代表非得使用剛好50℃的水，即便用熱水與自來水以1：1混合成有點熱的水（約55℃）也不成問題。而不同品牌的米，含水量也不盡相同，所以各食譜中的熱水或常溫水請根據米糊實際的黏稠度進行微調，可調整的範圍約為正負10g。

生米麵包作法超簡單！

一般人對於做麵包的印象往往都是複雜費工。
不過大略來說，製作生米麵包只需要4個步驟，
而且都是交給果汁機代勞，所以實際操作時間只有10分鐘左右。

1

準備材料

備齊材料後一一計量分量。將果汁機的杯身放在秤上，測量分量的同時順便將材料加進去，簡單直觀。即使加入的分量有些許誤差，也不會對成品的味道造成太大影響，這也是生米麵包的優點。

2

放入果汁機攪打

材料全部加入果汁機後，剩下要做的事情就只有打開開關。使用馬力較強的果汁機，大約2～3分鐘便能打好米糊。由於我們不需要親自揉麵糰，所以根本花不到力氣，加上要洗的東西也少，輕鬆省事。

3 靜置發酵

借助酵母的力量，讓倒入模具的米糊發酵。生米麵包只需要發酵1次就可以進爐烘烤。米糊約莫靜置20～30分鐘就會發酵到適當的程度，這段期間可以整理其他器具，或是休息一下。

4 烘烤

將米糊放入預熱好的烤箱烘烤。待麵包膨脹，出現誘人的焦色就完成了！要享受剛出爐的鬆軟感，還是品嘗冷掉後的濕潤感，都看自己開心。

基本版生米麵包的作法

首先要從基本版的作法來告訴大家，
如何將白米變成Q軟的生米麵包。
之後的變化都是基本版的延伸，
所以請務必熟悉基本作法。

材料 ⅓斤吐司模（16.5×6.2×6㎝）1條分

A
- 米…115g（泡水後150g）
- 油…13g（1大茶匙）
- 楓糖漿*1…8g（1小茶匙）
- 鹽…2g（略少於½小茶匙）
- 熱水（請參照步驟3）…70～75g

- 酵母粉*2…3g

＊1：或是砂糖5g＋水5g
＊2：若使用速發乾酵母則為2g

洗米泡水

輕輕淘洗過生米後放入盆中，加入1杯左右的水（食譜外的分量），浸泡2小時以上（冬天3小時）。

＊擔心保鮮問題的讀者，可以將米放入冰箱。若放在冰箱並1～2天換一次水的話，約可保存4～5天。夏天時請於2～3天內使用完畢。

準備模具

在模具內鋪好烘焙紙（參照p.58）。

準備熱水

鍋內盛水，加熱至約50℃。

＊沸騰的熱水和自來水以1：1的比例混合，就能調出約55℃的熱水。

瀝乾米粒的水

以濾網濾出米粒，並上下晃動數次，將水徹底瀝乾。

＊若殘留水分，可能會使米糊過軟。
米粒易乾，所以請於放入果汁機前再瀝水。

將材料放入果汁機

將**A**部分的材料放入果汁機，最後再加入酵母粉。

＊酵母不耐高溫，因此需待果汁機內的熱水稍微冷卻後再加入。

啟動果汁機進行攪拌

攪打30秒左右後先暫停一次，接著再打，重複3～4次。暫停時，拿刮刀將攪打過程中噴濺到杯身側面的米糊刮下去，確保整體米糊攪拌均勻。

＊若果汁機長時間連續轉動，會使米糊溫度過高。

米糊需攪打至拉起來時會如絲帶般滑落的狀態，且像漿糊一樣有些黏稠。

攪至綿密糊狀即可

攪打至整體綿滑無結塊後便大功告成。若這時米糊的溫度約等於40℃（接近人體皮膚溫度），則非常利於發酵。

＊若米糊有結塊或太稀，表示米粒尚未徹底粉碎。一定要攪拌到有點黏稠、綿滑的程度。

米糊容易乾燥，需適時補充水分。

倒入模具，噴灑水霧

將米糊倒入模具，並對著整體表面噴灑水霧，最後蓋上蓋子（也可以蓋上錫箔紙）。

＊若米糊太乾燥，可能會造成成品表面龜裂。

讓米糊發酵

利用烤箱的發酵模式，維持40℃的溫度，讓米糊發酵15～20分鐘（若烤箱無發酵模式請參照p.20）。

取出模具，預熱烤箱

米糊膨脹至原先的1.5倍大後取出烤箱，靜置於室溫下。接著烤箱預熱180℃。

＊烤箱預熱期間，米糊依然會繼續發酵。如果發現米糊即將過度發酵（參照p.20），儘管尚未預熱完成，還是要馬上送入烤箱烘烤。

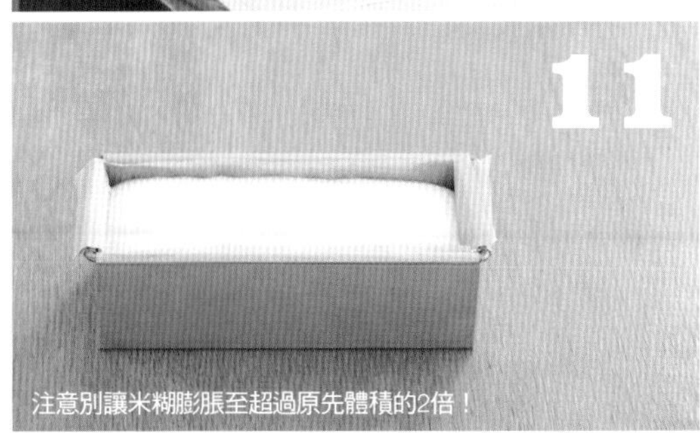

注意別讓米糊膨脹至超過原先體積的2倍！

膨脹至2倍大後進烤箱

待烤箱預熱完畢，米糊也膨脹至原先的2倍大後，便可在米糊表面噴灑適量水霧，送進烤箱烘烤30分鐘。

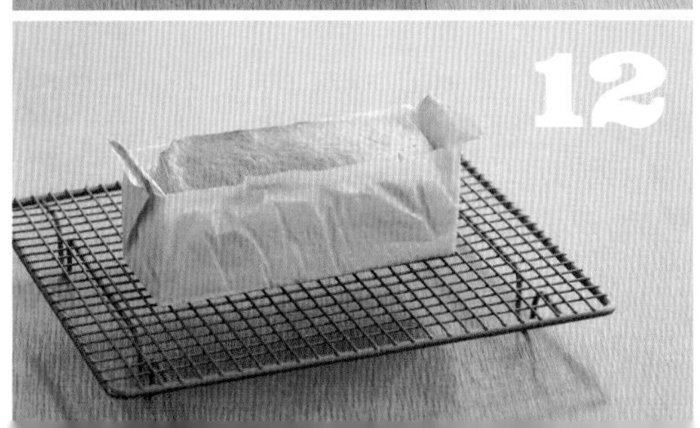

放涼後脫模

表面略帶焦色時就可以取出烤箱。放涼之後再脫模。

糙米麵包的作法

**我們也可以用糙米來製作生米麵包。
可以做出帶有淡淡糙米香，
而且富有深度的味道。**

材料 **⅓斤吐司模（16.5×6.2×6㎝）1條分**

A
- 糙米…115g（泡水後150g）
- 油…13g（1大茶匙）
- 楓糖漿[*1]…8g（1小茶匙）
- 鹽…2g（略少於½小茶匙）
- 熱水（請參照p.16步驟3）…65～70g

- 酵母粉[*2]…3g

＊1：或是砂糖5g＋水5g
＊2：若使用速發乾酵母則為2g

作法

1 稍微淘洗過糙米後放入盆中，加入1杯左右的水（食譜外的分量），靜置至少一個晚上（8～10小時）。
＊糙米比白米硬，所以需要浸泡得更久。擔心保鮮問題的讀者，可以將糙米放進冰箱，不過這時必須浸泡超過12個小時。

2 同「基本版生米麵包」（參照p.16～17）的步驟2～6。

3 將米糊攪打成綿密糊狀，拉起來時會緩慢滴落的程度（a）。

4 同「基本版生米麵包」的步驟8～12。

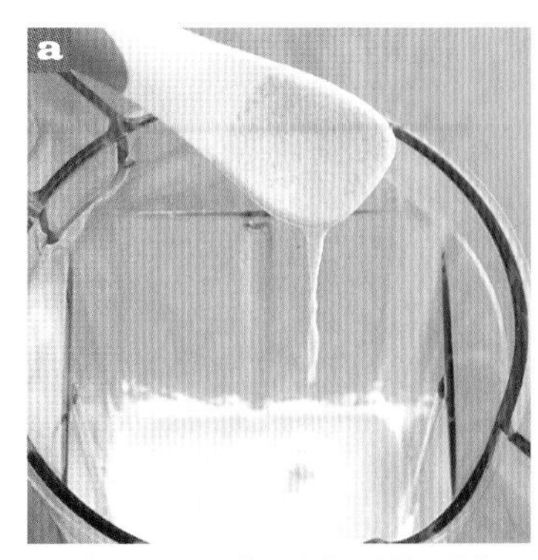

看起來像米糠一樣帶有咖啡色微粒的狀態即OK。

生米麵包Q&A

Q1 正確發酵的米糊該會是什麼樣子？

Answer

準備送入烤箱烘烤的米糊應膨脹成原先體積的2倍大

發酵不足的話，麵包烤的時候不會膨脹，而發酵過頭（過度發酵）則會使成品質地變得粗糙。在米糊體積膨脹成原先2倍的狀態下送進烤箱，就能烤出蓬鬆且質地細緻的生米麵包。若使用烤箱進行發酵，需於膨脹至1.5倍時（夏天時則是1.2倍時）取出，放在室溫下繼續發酵，並同時預熱烤箱。如果室溫下的發酵速度比預期快，眼看就要過度發酵的話，儘管烤箱尚未預熱完成，還是要直接將米糊送進烤箱烘烤。

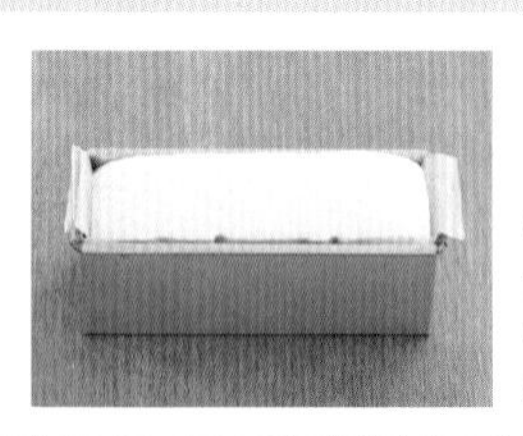

NG

過度發酵

氣泡粗糙，米糊膨脹至快溢出模具，這些都是過度發酵的警訊。

測量模具上緣到米糊表面的高低差，就能掌握發酵的膨脹程度。

取出烤箱，若室溫偏低，就放在窗邊，或是會發熱的家電旁等較溫暖的環境下，讓米糊繼續發酵。

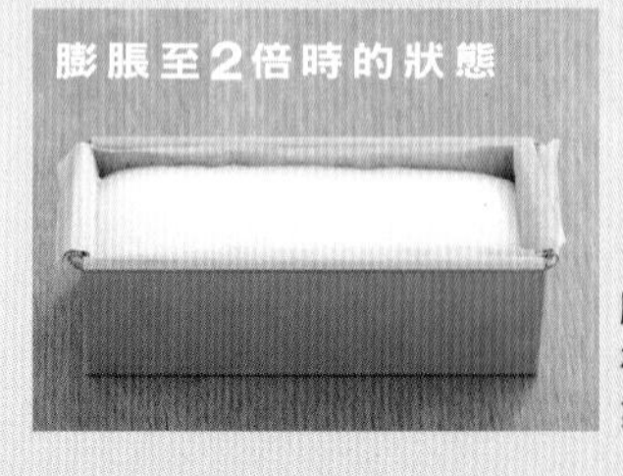

膨脹至原先高度2倍的樣子。可以看到細小的氣泡。

Q2 烤箱沒有發酵模式的功能怎麼辦？

Answer

先讓烤箱升溫後再利用餘溫或利用保鮮盒

就算是不具有「發酵」功能的一般烤箱，只要設定成低溫（40℃），同樣可以創造適合發酵的環境。如果機種無法設定這麼低溫，可以參考右圖的作法。此外也可以利用平底鍋搭配小鍋子進行發酵（參照p.79的披薩發酵方法。）。

烤箱加熱10秒後利用餘溫進行發酵

設定為烘烤溫度，加熱約10秒（冬天30秒），待烤箱內變得暖烘烘時，拿個杯子裝熱水，和米糊一起放入烤箱進行發酵。

和熱水放在同一個保鮮盒裡

拿杯子裝熱水，和米糊一同放入保鮮盒，蓋上蓋子後置於室溫下。如果中途溫度降低太多就再裝熱水加溫。

Q3 是什麼原因導致發酵不順利？

Answer

可能是因為米糊溫度太低，導致發酵速度緩慢

有使用酵母粉的食譜中之所以加入熱水，是為了讓米糊升溫，提高酵母活性。如果米糊溫度變得明顯比人體皮膚溫度還低，酵母的活性也會減弱，發酵自然更花時間。這種情況，不妨拉長發酵時間，靜待米糊體積膨脹至原先的2倍。酵母不耐高溫，所以加入的熱水太燙，或是烤箱設定的發酵溫度太高，都會打斷酵母的發酵作用。

關於道具

Q4 可以用食物調理機或手持式均質攪拌機代替嗎？

Answer

任何攪拌器具只要注意幾個重點都能使用

雖然每個機種多少有些差異，但大致上來說，果汁機的目的在於將食材攪打成液狀，而食物調理機的目的則偏向將食材剁成小碎塊，比較容易出現攪拌不均的問題，因此使用時必須注意右邊列出的2項重點。至於手持式均質攪拌機，一般來說可承受的連續運轉時間較短，而且一次能攪拌的量有限，比較耗時，所以不太推薦。

1. 攪拌時須將米粒徹底粉碎，攪成漿糊般有些黏稠，且綿滑無顆粒的狀態（約需5分鐘）。
2. 攪拌時間越長，米糊溫度也掉得越多，所以這時可以將加入的熱水溫度提升到60℃左右，攪拌完後的發酵時間也拉長一些（約30～40分鐘），讓米糊充分發酵。

其他

Q5 我想用「1斤吐司模」烤烤看！

Answer

使用攪拌馬力強的果汁機來攪拌3倍的分量

使用大容量、馬力強的果汁機，就有辦法以「基本版生米麵包」3倍材料的分量，做出1斤的吐司。但如果使用的果汁機容量雖大，馬力卻不夠強的話，就有可能做不出綿密的米糊。另外，米糊倒入模具後，如果還要蓋上蓋子，做成方形吐司的話，材料的分量建議可以抓食譜上的2.8倍。

Q6 可以一次泡多一點米嗎？

Answer

放冰箱冷藏並定期換水，可以保鮮4～5天。

上手之後，一次可以多泡一點米，製作時取出需要的分量即可，非常方便。米泡水後後，重量會變成乾燥時的1.3倍左右。每份食譜的生米用量後頭，都有註記浸泡過後的重量，製作前可以參考。若在泡水狀態下放入冰箱保存，必須每1～2天換一次水。

成品常見的失敗狀況與原因
如果碰到了要怎麼辦？

失敗1

質地粗糙、坑坑巴巴的！

原因1

攪拌不足

可能是因為攪拌得不夠均勻，米糊中留有米的碎粒，才造成成品質地粗疏。所以切記攪拌時要將米粒充分打碎，攪成黏稠綿滑的狀態。

原因2

發酵過頭（過度發酵）

如果發酵時，米糊膨脹程度超過原先體積的2倍大，就代表發酵過頭了。這麼一來米糊中的氣泡會變得太大，造成成品質地粗糙，甚至出現大坑洞。

失敗2

米糊發不起來！

原因1

攪拌不足

因為攪拌得不夠充分，米粒不夠細緻，米糊整體重量過重，所以膨脹不起來。攪拌時務必將米糊攪打成黏稠綿滑的狀態。

原因2

發酵不足

米糊發酵得還不充分就開始烘烤，所以麵包才膨脹不起來。記得等米糊發到原先的2倍大之後再開始烤。

失敗3

表面出現裂痕！

原因1

米糊太乾燥

米糊表面過於乾燥，可能會造成成品表面出現龜裂。將米糊倒入模具後，還有準備送進烤箱前，都要記得在表面噴灑水霧以補充水分。

原因2

直接吹到熱風

像旋風烤箱這種烤箱，熱風會直接吹在米糊上，使米糊表面過於乾燥，導致成品出現裂痕。這時可以用錫箔紙蓋住模具開口，再送入烤箱。

失敗4

中間塌下去了！

原因1

攪拌不足

若攪拌得不夠充分，米糊可能會呈現過稀的狀態，即使膨脹起來也會因為無力維持而塌陷。必須攪拌出黏稠的感覺。

原因2

水分過多

米粒瀝水時沒瀝乾，導致米糊水分過多，黏性不足，故無法撐起膨脹後的結構。攪打前記得將米粒的水徹底瀝乾。

Chapter 1

每天都想烤來吃的變化版食譜

面貌百變的生米麵包

「基本版生米麵包」中加入各式各樣食材的
應用變化版。不同食材具有不同口感與營養成分，
可以依當天心情決定要製作哪一種麵包。

雜糧麵包

材料 ⅓斤吐司模（16.5×6.2×6㎝）1條分

A
- 綜合雜糧*1…30g（泡水後55g）
- 米…90g（泡水後120g）
- 油…13g（1大茶匙）
- 楓糖漿*2…8g（1小茶匙）
- 鹽…2g（略少於½小茶匙）
- 熱水（請參照p.16步驟3）…65g

- 酵母粉*3…3g

＊1：市售商品，也可自行加入喜歡的雜糧。
＊2：或是砂糖5g＋水5g
＊3：若使用速發乾酵母則為2g

作法

1. 同「基本版生米麵包」（參照p.16～17）的步驟1，洗米泡水時，淘洗過的綜合雜糧也一併放入盆中泡水。
2. 同「基本版生米麵包」的步驟2～3。
3. 以濾網濾出1的米和綜合雜糧，上下晃動數次，將水分徹底瀝乾。
4. 同「基本版生米麵包」的步驟5～12。

蕎麥果實麵包

材料 ⅓斤吐司模（16.5×6.2×6㎝）1條分

- A
  - 蕎麥果實…30g（泡水後50g）
  - 米…90g（泡水後120g）
  - 油…13g（1大茶匙）
  - 楓糖漿[*1]…8g（1小茶匙）
  - 鹽…2g（略少於½小茶匙）
  - 熱水（請參照p.16步驟**3**）…60g
- 酵母粉[*2]…3g

＊1：或是砂糖5g＋水5g
＊2：若使用速發乾酵母則為2g

作法

1. 同「基本版生米麵包」（參照p.16～17）的步驟**1**，洗米泡水時，輕輕淘洗過的蕎麥果實也一併放入盆中泡水。
2. 同「基本版生米麵包」的步驟**2**～**3**。
3. 以濾網濾出**1**的米和蕎麥果實，上下晃動數次，將水分徹底瀝乾。
4. 同「基本版生米麵包」的步驟**5**～**12**。

地瓜生米麵包

材料 ⅓斤吐司模（16.5×6.2×6㎝）1條分

A
- 地瓜（去皮後切成2～3㎝小塊）…30g
- 米…115g（泡水後150g）
- 油…13g（1大茶匙）
- 楓糖漿*1…8g（1小茶匙）
- 鹽…2g（略少於½小茶匙）
- 熱水（請參照p.16步驟3）…50g

- 酵母粉*2…3g

＊1：或是砂糖5g＋水5g
＊2：若使用速發乾酵母則為2g

作法

同「基本版生米麵包」（參照p.16～17）的步驟1～12。

生地瓜不須另行調理，
一起丟進果汁機攪拌即可。
多了地瓜的澱粉，
可以做出更Q軟的口感。

堅果生米麵包

材料 ⅓斤吐司模（16.5×6.2×6㎝）1條分

A
- 堅果（杏仁果、核桃、腰果等）*1…30g
- 米…115g（泡水後150g）
- 油…13g（1大茶匙）
- 楓糖漿*2…8g（1小茶匙）
- 鹽…2g（略少於½小茶匙）
- 熱水（請參照p.16步驟 **3**）…70g

- 酵母粉*3…3g

＊1：生堅果的風味較佳，味道比較飽滿。但也可以使用市售的無調味熟堅果。
＊2：或是砂糖5g＋水5g
＊3：若使用速發乾酵母則為2g

作法

同「基本版生米麵包」（參照p.16～17）的步驟**1**～**12**。

繽紛蔬菜麵包

直接將新鮮蔬菜融入米糊，
做出亮麗鮮豔的麵包。
蔬菜都不需事先調理，
可以攝取到最完整的營養。

作法 **各譜皆同**

同「基本版生米麵包」（參照p.16～17）的步驟1～12。

黑芝麻麵包

材料 **⅓斤吐司模（16.5×6.2×6㎝）1條分**

A
- 黑芝麻*1…10g
- 米…115g（泡水後150g）
- 油…13g（1大茶匙）
- 楓糖漿*2…8g（1小茶匙）
- 鹽…2g（略少於½小茶匙）
- 熱水（請參照p.16步驟3）…75g

- 酵母粉*3…3g

＊1：生芝麻或熟芝麻都可以。
＊2：或是砂糖5g＋水5g
＊3：若使用速發乾酵母則為2g

甜菜麵包

材料 **⅓斤吐司模（16.5×6.2×6㎝）1條分**

A
- 甜菜（去皮後切成2～3㎝小塊）…30g
- 米…115g（泡水後150g）
- 油…13g（1大茶匙）
- 楓糖漿*1…8g（1小茶匙）
- 鹽…2g（略少於½小茶匙）
- 熱水（請參照p.16步驟3）…45g

- 酵母粉*2…3g

＊1：或是砂糖5g＋水5g
＊2：若使用速發乾酵母則為2g

甜椒麵包

材料 **⅓斤吐司模（16.5×6.2×6㎝）1條份**

A
- 紅椒（切成2～3㎝小塊）…30g
- 米…115g（泡水後150g）
- 油…13g（1大茶匙）
- 楓糖漿*1…8g（1小茶匙）
- 鹽…2g（略少於½小茶匙）
- 熱水（請參照p.16步驟3）…35g

- 酵母粉*2…3g

＊1：或是砂糖5g＋水5g
＊2：若使用速發乾酵母則為2g

菠菜麵包

材料 **⅓斤吐司模（16.5×6.2×6㎝）1條份**

A
- 菠菜（切成2～3㎝小段）…15g
- 米…115g（泡水後150g）
- 油…13g（1大茶匙）
- 楓糖漿*1…8g（1小茶匙）
- 鹽…2g（略少於½小茶匙）
- 熱水（請參照p.16步驟3）…60g

- 酵母粉*2…3g

＊1：或是砂糖5g＋水5g
＊2：若使用速發乾酵母則為2g

紅蘿蔔麵包

材料 **⅓斤吐司模（16.5×6.2×6㎝）1條份**

A
- 紅蘿蔔（去皮後切成2～3㎝小塊）…30g
- 米…115g（泡水後150g）
- 油…13g（1大茶匙）
- 楓糖漿*1…8g（1小茶匙）
- 鹽…2g（略少於½小茶匙）
- 熱水（請參照p.16步驟3）…45g

- 酵母粉*2…3g

＊1：或是砂糖5g＋水5g
＊2：若使用速發乾酵母則為2g

顆粒滿滿麵包

米糊中加入完整食材顆粒，
享受不同口感與味道的麵包。
大家不妨參考食譜，
嘗試加入其他自己喜歡的食材。

作法 **各譜皆同**

1 同「基本版生米麵包」（參照p.16～17）的步驟1～7，製作米糊。

2 1中加入各譜的★號食材，並以矽膠刮刀輕輕攪拌。

〔栗子麵包需特別注意〕
必須先將米糊倒入模具，再將栗子埋入米糊。最後在整體表面噴灑水霧，蓋上蓋子（或以鋁箔紙覆蓋開口）。

3 同「基本版生米麵包」的步驟8～12（栗子麵包則為步驟9～12）。

毛豆麵包

材料 **⅓斤吐司模（16.5×6.2×6㎝）1條分**

- 「基本版生米麵包」的材料（參照p.15）…分量皆同

★毛豆（鹽水煮熟後取出豆仁）…60g

玉米麵包

材料 **⅓斤吐司模（16.5×6.2×6㎝）1條分**

- 「基本版生米麵包」的材料（參照p.15）…分量皆同

★玉米（鹽水煮熟後剝下玉米粒）*1…60g

＊1：使用玉米粒罐頭的話記得要將水徹底瀝乾。

紅豆麵包

材料 **⅓斤吐司模（16.5×6.2×6㎝）1條分**

- 「基本版生米麵包」的材料（參照p.15）…分量皆同

★紅豆（鹽水煮熟）*1…60g

＊1：使用已經煮熟軟化的紅豆。也可使用市售的蒸紅豆。

栗子麵包

材料 **⅓斤吐司模（16.5×6.2×6㎝）1條分**

- 「基本版生米麵包」的材料（參照p.15）…分量皆同

★栗子仁（市售）…100g

堅果&果乾麵包

材料 **⅓斤吐司模（16.5×6.2×6㎝）1條分**

- 「基本版生米麵包」的材料（參照p.15）…分量皆同（熱水改為75g）

★果乾（葡萄乾、蔓越莓乾、無花果乾等）*1…30g

★堅果（烘烤過。核桃、腰果、杏仁果等）*2…30g

＊1：以溫熱水浸泡10分鐘左右後，輕輕擠出多餘水分。
＊2：事先以160℃烤箱烘烤約10分鐘（杏仁果的話則是150℃烤15分鐘）。也可以用市售的無調味熟堅果。

More Ideas

不需發酵的簡單版麵包

速成麵包

材料 ⅓斤吐司模（16.5×6.2×6㎝）1條分

A
- 米…115g（泡水後150g）
- 油…20g（½大茶匙）
- 楓糖漿*1…8g（1小茶匙）
- 檸檬汁…5g（1小茶匙）
- 鹽…2g（略少於½小茶匙）
- 水…70g

- 泡打粉…4g

＊1：或是砂糖5g＋水5g

作法

1. 同「基本版生米麵包」（參照p.16～17）的步驟1、4，洗米泡水，使用前將水徹底瀝乾。
2. 模具中鋪上一層烘焙紙（參照p.58）。烤箱預熱180℃。
3. 將A部分的材料放入果汁機，接著同「基本版生米麵包」的步驟6，充分攪打均勻至無殘留顆粒，黏稠綿滑的狀態。
4. 將米糊倒入盆中，加入泡打粉後以矽膠刮刀快速攪拌。

   ＊為加快步驟5將米糊入模具的速度，這裡先將米糊裝入另一個盆中與泡打粉混合。若這個環節的動作太慢，可能會導致米糊發不起來。

5. 將米糊倒入模具，且於整體表面噴灑水霧後，送入烤箱烤30分鐘。烤出金黃焦色即可出爐。

以泡打粉取代酵母的
發麵方法更加簡易。
時間不夠的時候也可以迅速做出麵包。
以這種方法製作的麵包建議當天內食用完畢。

Column

保持生米麵包美味的切法與保存技巧

生米麵包的一大特色，就是不僅剛出爐時好吃，就算放到隔天味道仍然很好。以下介紹幾種提升生米麵包美味的吃法。

要撕開剛出爐的麵包之前先用廚房剪刀劃一下

剛出爐的麵包非常柔軟，如果拿菜刀切或直接用手撕的話很容易將麵包壓爛。想要分得漂亮，可以先用廚房剪刀稍微劃一下，然後再用手輕輕撕開。如果要用菜刀切，建議等麵包完全冷卻再說。

吃不完的份切成片裝進保鮮袋冷凍

生米麵包於常溫下可以保鮮2～3天（夏天則1～2天），如果吃不完還可以冷凍保存。保存時切成麵包片，放入夾鏈保鮮袋，且注意不要互相交疊，即可放入冷凍庫。盡量在2星期內吃完。

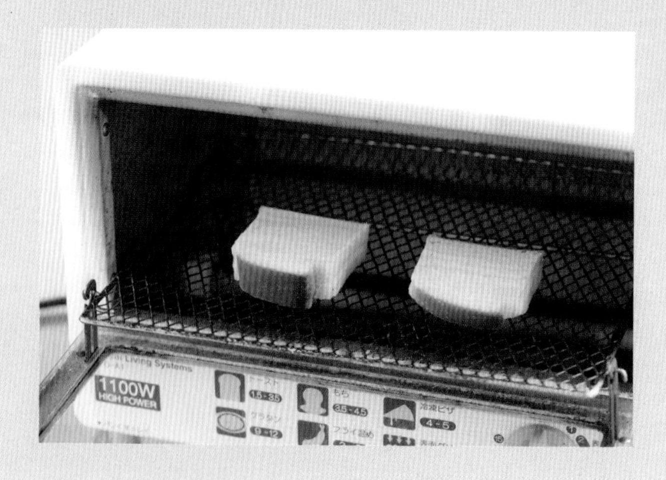

可以用烤麵包機烤出酥脆口感與迷人香氣

生米麵包雖然直接吃就很好吃，不過切成吐司片拿去烤，可以讓表面多一分酥脆的口感，還能品嘗到與剛出爐時截然不同的香氣。冷凍保存的麵包也不需要退冰，可以直接拿去烤。

Chapter 2

在家也能烤出熟悉的麵包

烘焙坊風生米麵包

大家熟悉的人氣麵包，也可以用生米麵包再現。
無論平常食用，還是款待客人都合適。
而且營養豐富，最適合充當小孩子的零食。

4種 佛卡夏

大受料理教室學員歡迎的食譜。
加了黃豆的米糊，
口感更蓬鬆、風味更飽滿。
原味佛卡夏也很適合切成片，
做成三明治享用。

原味佛卡夏

材料　烤盤（17×17×3cm）1盤分

A
- 馬鈴薯（去皮後切成2～3cm小塊）…80g
- 米…230g（泡水後300g）
- 橄欖油…26g（2大茶匙）
- 黃豆（乾燥）…5g（5～6粒）
- 鹽…4g（略少於1小茶匙）
- 熱水（請參照p.16步驟3）…90g

- 酵母粉[*1]…6g
- 橄欖油（塗抹表面用）…適量
- 鹽（最後調味用）…適量
- 粗黑胡椒粉…適量

＊1：若使用速發乾酵母則為4g

作法

1. 稍微淘洗黃豆，浸泡於大量水中一整晚（8～10小時），使用前瀝乾。
2. 同「基本版生米麵包」（參照p.16～17）的步驟1～10。
3. 烤箱預熱完畢，且米糊膨脹至原先體積的2倍大後，在米糊表面噴灑適量橄欖油。
4. 以手指挖出8～10個深約1cm的小洞，撒上鹽巴與胡椒。
5. 烤箱180℃烘烤30分鐘，烤至表面出現金黃焦色。

橄欖佛卡夏

材料　烤盤（17×17×3cm）1盤分

- 「原味佛卡夏」的材料…分量皆同
- 黑橄欖（無籽。對切）…15～20顆（40g）

作法

同「原味佛卡夏」的步驟1～3。接著放上橄欖，撒上鹽巴與黑胡椒，最後則同「原味佛卡夏」的步驟5。

甜椒佛卡夏

材料　烤盤（17×17×3cm）1盤分

- 「原味佛卡夏」的材料…分量皆同
- 甜椒（紅、黃等自己喜歡的顏色。切成2～3cm小塊）…1顆
- 橄欖油…1大茶匙
- 迷迭香…4枝

作法

1. 同「原味佛卡夏」的步驟1～3。
2. 甜椒淋上橄欖油，和迷迭香一起放到米糊上，接著撒上鹽巴與胡椒。
3. 同「原味佛卡夏」的步驟5。

焦糖堅果佛卡夏

材料　烤盤（17×17×3cm）1盤分

- 「原味佛卡夏」的材料（不含調味用鹽巴和粗黑胡椒粉）…分量皆同
- 堅果（杏仁果、腰果、核桃等）[*1]…90g
- 楓糖漿…1大茶匙

＊1：市售無調味熟堅果也可以，不過熟堅果再進烤箱烘烤的話，有時會出現特別深的焦色。如果怕堅果烤得太焦，可用鋁箔紙覆蓋表面。

作法

1. 將堅果搗碎後淋上楓糖漿。
2. 同「原味佛卡夏」的步驟1～3，接著放上1，最後則同「原味佛卡夏」的步驟5。

馬芬

不僅加入生杏仁果增添濕潤口感，
同時又借助豆漿的力量，
做出蓬鬆的質地。
清爽不甜膩的口味也很適合當早餐。

原味馬芬

材料 **馬芬模（口徑5.6×高3.4㎝）6個分**

A
- 米…90g（泡水後120g）
- 杏仁果（生）*1…20g
- 豆漿…50g
- 楓糖漿*2…40g
- 檸檬汁…5g（1小茶匙）
- 鹽…2g（略少於½小茶匙）

- 油…40g

B
- 泡打粉…4g
- 小蘇打粉…1g

＊1：亦可以杏仁粉代替。
＊2：或是砂糖27g＋水13g

作法

1 同「基本版生米麵包」（參照p.16～17）的步驟1、4，洗米泡水，使用前將水徹底瀝乾。

2 烤箱預熱170℃。

3 將A部分的材料放入果汁機，接著同「基本版生米麵包」的步驟6攪打均勻。

4 加入油，繼續以果汁機攪打至黏稠且綿滑的狀態（a）。

＊如果一開始就加入油，會導致米糊變得過重，影響果汁機攪動，所以記得先將米糊打均勻後再加入油。若果汁機開始攪不太動了，就切換成低速，或是倒入盆中，用刮刀等器具攪拌。

5 將米糊倒入盆中，加入B部分的材料後以矽膠刮刀迅速攪拌。

＊為加快步驟6將米糊入模具的速度，要先將米糊裝入另一個盆中迅速混合材料。

6 模具內放入烘焙紙杯，每杯中倒入等量米糊，烘烤20～25分鐘，烤至表面出現焦色。

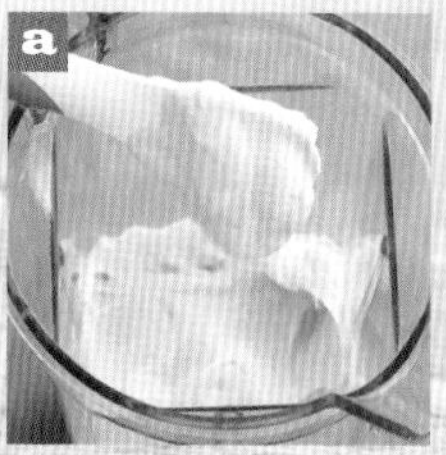

a 撈起來也不會掉落，而且略感沉重的硬度。

香蕉椰子馬芬

材料 馬芬模
（口徑5.6×高3.4㎝）6個分

- 「原味馬芬」的材料…分量皆同
- 香蕉…50g
- 椰絲…20g

作法

1. 同「原味馬芬」的步驟1～2。
2. 同「原味馬芬」的步驟3，將材料與香蕉、椰絲一起倒入果汁機攪打。
3. 同「原味馬芬」的步驟4～6。

焙茶蜜黑豆馬芬

材料 馬芬模
（口徑5.6×高3.4㎝）6個分

- 「原味馬芬」的材料…分量皆同
- 焙茶粉…1小茶匙

〔蜜黑豆〕
- 蒸黑豆（無糖）*1…50g
- 楓糖漿…2大茶匙

＊1：使用蒸熟軟化的黑豆。也可使用市售黑豆。

作法

1. 同「原味馬芬」的步驟1～2。
2. 將〔蜜黑豆〕的材料放入小鍋，小火加熱5～10分鐘，煮至水分幾乎蒸發掉後熄火，靜置冷卻。
3. 同「原味馬芬」的步驟3，將材料與焙茶粉一起倒入果汁機攪打。
4. 同「原味馬芬」的步驟4。
5. 將米糊倒入盆中並加入2，混合均勻後再加入B部分的材料，接著以矽膠刮刀快速攪拌。
6. 同「原味馬芬」的步驟6。

濃縮了美味精華的番茄乾，
加入米糊後可以做成鹹蛋糕。
不光直接吃好吃，
沾橄欖油也別有一番風味。

法式番茄馬鈴薯鹹蛋糕

材料 ⅓斤吐司模（16.5×6.2×6㎝）1條分

A
- 米…90g（泡水後120g）
- 番茄乾*1…10g
- 馬鈴薯（去皮後切成2～3㎝的小塊）…40g
- 杏仁果（生）*2…20g
- 豆漿…60g
- 檸檬汁…5g（1小茶匙）
- 鹽…1.5g

- 油…40g

B
- 泡打粉…4g
- 小蘇打粉…2g

- 百里香…4～5枝
- 粗黑胡椒粉…適量

＊1：也可使用油漬番茄。使用時記得充分瀝乾。
＊2：亦可以杏仁粉代替

作法

1 同「基本版生米麵包」（參照p.16～17）的步驟1、2、4。

2 番茄乾泡熱水約10分鐘後，擠出多餘水分備用。

3 同「原味馬芬」（參照p.42）的步驟3～5。

4 將米糊倒入模具，放上百里香，撒上黑胡椒。烤箱預熱至170℃後烘烤30～35分鐘，烤至表面出現漂亮焦色。

肉桂麵包

材料 馬芬模（口徑7.5×高さ4㎝）3個分

- 「基本版生米麵包」的材料（參照p.15）…分量皆同

〔肉桂糖漿〕
- 肉桂粉…1小茶匙
- 楓糖漿…2小茶匙*1
- 椰子油…2小茶匙

- 楓糖漿（表面塗抹用）…適量

＊1：或是砂糖2小茶匙

作法

1. 同「基本版生米麵包」（參照p.16～17）的步驟1，洗米泡水。
2. 將〔肉桂糖漿〕的材料均勻混合。
3. 同「基本版生米麵包」的步驟3～7，製作米糊。
4. 模具裡放入烘焙紙杯，每一杯中各倒入⅙量的米糊，接著再於每杯中央倒入⅙量的肉桂糖漿（a），並拿竹籤畫圓般將糖漿拌開（b）。
5. 將剩下米糊平均倒入4，每杯再各加入⅓剩餘的肉桂糖漿，並與4一樣用竹籤畫圓般將糖漿拌開。
6. 表面噴灑水霧，並鋪上鋁箔紙覆蓋。
7. 同「基本版生米麵包」的步驟9，讓米糊發酵。
8. 米糊膨脹到1.5倍左右大後取出烤箱，靜置於室溫。烤箱開始預熱180℃。
9. 預熱完成，且米糊膨脹到2倍左右大後，於表面噴灑水霧，送入烤箱烤15分鐘。
10. 暫時取出烤箱，用湯匙背面或其他器具沾取楓糖漿，均勻塗抹在麵包表面。

    ＊表面塗上楓糖漿有助於麵包烤出漂亮的焦色。
11. 再次送入烤箱烤約5分鐘，烤至表面出現金黃焦色。

在柔滑的生米麵包米糊上多做一個小動作，
就能畫出大理石般的漂亮紋路。
肉桂甜美的香氣四散，
帶來幸福的感覺。

配料只使用洋蔥。
雖然精簡，但洋蔥強烈的香味
適度浸染了整塊麵包，
形成存在感十足的味道。

洋蔥麵包

材料 **⅓斤吐司模（16.5×6.2×6㎝）1條分**

- 「基本版生米麵包」的材料（參照p.15）…分量皆同

〔配料〕

- 紫洋蔥（切薄片）*1…½小顆（60g）
- 橄欖油…1小茶匙
- 鹽…½小茶匙
- 粗黑胡椒粉…適量

*1：也可使用一般的洋蔥

作法

1. 同「基本版生米麵包」（參照p.16～17）的步驟1～2，洗米泡水，準備模具。
2. 紫洋蔥切成細絲後淋上橄欖油拌勻。
3. 同「基本版生米麵包」的步驟3～7，製作米糊。
4. 將米糊倒入模具，並放上2的紫洋蔥，撒上鹽巴與黑胡椒，蓋上蓋子（或鋁箔紙）。
5. 同「基本版生米麵包」的步驟9～12。

豆沙麵包
奶油麵包
咖哩麵包

幾乎每間麵包店都會看到的麵包！
不過這裡做了一點變化，
將3款人氣商品做成開放式麵包。
連奶油也是用米製作的喔。

材料 馬芬模（口徑7.5×高4㎝）5個分

- 「基本版生米麵包」的材料（參照p.15）…分量皆同
- 喜歡的餡料（參照p.51）…適量

a

b

作法 各譜皆同

1. 同「基本版生米麵包」（參照p.16～17）的步驟1、3～7，製作米糊。
2. 模具中放入烘焙紙杯，平均於每一杯中倒入等量的米糊，並於中央放上適量的各種〔配料〕（紅豆餡：各⅙量、米奶油：各1½大茶匙、咖哩：各2～3大茶匙）（a）。
3. 表面噴灑水霧，並鋪上鋁箔紙蓋住。
4. 同「基本版生米麵包」的步驟9，讓米糊發酵。並同步驟10預熱烤箱。
5. 預熱完成，且米糊膨脹到2倍左右大後，用湯匙背面沾一些油（食譜分量外），均勻塗抹在餡料周圍的米糊表面（b）。

   ＊豆沙餡上可依個人喜好撒上適量的罌粟籽（食譜分量外）。

6. 烤箱烤約20分鐘，烤至表面出現金黃焦色。

〔餡料〕

豆沙

材料　方便製作的分量

- 紅豆…100g
- 楓糖漿*1…50g
- 鹽…1g（1小撮）

＊1：或是砂糖34g＋水16g

作法

1. 紅豆淘洗過後裝入小鍋，加入2杯水（食譜分量外），開中火煮至沸騰。沸騰後轉小火，煮約10分鐘後以濾網濾出，並將水倒掉。
2. 再次將紅豆放回鍋中，重新加入2杯水（食譜分量外），開中火煮40分鐘左右，煮至紅豆軟化。過程中可視情況適時補水，避免煮乾。
3. 紅豆煮軟後，若鍋內還有殘留的水，可使用濾網濾除，再將紅豆放回鍋中。接著加入剩餘的材料，以木刮刀攪拌混合，開小火將水分煮至幾乎全乾。

＊覺得不夠甜的話可以補一些楓糖漿（或砂糖）。

米奶油

材料　方便製作的分量

A
- 飯（煮熟的米）*1…40g
- 豆漿…100g
- 楓糖漿*2…30g
- 香草精（Vanilla Extract）*3… ½小茶匙
- 鹽…1g（1小撮）

- 椰子油…25g

＊1：冷卻後再使用。太乾硬的米飯不適合。
＊2：或是砂糖20g＋水10g
＊3：或是使用較濃的香草精（Vanilla Essence）2～3滴

作法

1. 將A部份的材料放入果汁機，攪打至綿滑的狀態。
2. 在1中加入椰子油，繼續攪拌成濃稠的鮮奶油狀。
3. 倒入托盤，放入冰箱冷藏30分鐘。

＊奶油事先冷卻凝固，可避免烘烤時流出麵包。

咖哩

材料　方便製作的分量

- 油…1大茶匙

A
- 洋蔥（切末）…1小顆（100g）
- 大蒜（切末）…1小瓣
- 薑（切末）…1小片

B
- 咖哩粉…1小茶匙
- 印度綜合香料粉…1小茶匙

C
- 番茄（切成2㎝小塊）…1中顆（150g）
- 小扁豆（乾燥）…100g
- 鹽…略少於1小茶匙

- 醬油…1小茶匙

作法

1. 平底鍋中加油熱鍋，放入A部分的材料後以小火拌炒2～3分鐘左右，炒至洋蔥軟化。
2. 1中加入B部分的材料，炒至整體混合均勻。
3. 將C部分的材料與1杯水（食譜分量外）加入鍋中，接著蓋上鍋蓋，燜煮約20分鐘，直到豆子軟化，且醬汁收乾為止。
4. 最後加入醬油調味，拌勻後熄火。

用速成麵包代替一般的派皮，
並且在豆腐餡料中
加入白味噌增添濃郁感。
非常適合端出來招待客人。

馬鈴薯洋蔥口味的生米麵包鹹派

材料 餡餅模（直徑22cm・活底可拆式）1盤分

- 「速成麵包」的材料（參照p.36）…分量皆同

〔餡料〕
- 嫩豆腐…400g
- 椰子油（或是自己喜歡的油）…1大茶匙
- 洋蔥（切薄片）…1中顆（200g）
- 馬鈴薯（去皮後切絲）…2小顆（200g）
- 鹽…½小茶匙
- 粗黑胡椒粉…適量
- 白味噌…30g
- 芥末籽…½小茶匙

- 百里香（裝飾用）…適量

餡料作法

1 豆腐以紙巾包住並置於托盤，並壓上盤子等重物後，放入冰箱冷藏一晚（8～10小時），充分擠出水分至重量剩下約300g為止。

2 平底鍋中加入椰子油，開中火加熱，將洋蔥與馬鈴薯炒至軟化，再加入1小茶匙的鹽巴、黑胡椒調味，即可熄火待冷卻。

3 將1、白味噌、½小茶匙的鹽巴加入果汁機，攪打成綿密糊狀後倒入盆中。接著加入芥末籽和黑胡椒拌勻，最後再加入2，繼續拌勻。

作法

1 同「速成麵包」（參照p.36）的步驟1。模具中鋪好烘焙紙（參照p.58），烤箱預熱200℃。

2 同「速成麵包」的步驟3～4，製作米糊，並倒入模具。接著放上餡料，注意邊緣處要留下約2cm寬的空間（a）。

＊沒有擺餡料的邊緣部分，在烘烤時會膨脹起來，形成厚厚的派皮。

3 平均放上百里香，進烤箱烤30分鐘，烤至表面帶有焦色。

＊冰箱冷藏可保存2～3天。食用前再以200℃烘烤10～15分鐘，烤出表面酥脆的口感，吃起來更好吃。

More Ideas
A
迷迭香薯片
B
醃拌紫洋蔥
C
青花菜芽×
豆腐沾醬
E
黑豆×米奶油
F
柳橙×豆腐鮮
奶油

也很適合當作派對小點！

開放式三明治

原本就很好吃的生米麵包，
擺上各種食材後外觀更艷麗。
底下的麵包如果也五彩繽紛，
就能讓餐桌變得熱鬧非凡。

More Ideas

A
迷迭香薯片

材料　方便製作的分量、⅓斤吐司模10片分（1片16mm厚）

- 橄欖油…1大茶匙
- 馬鈴薯（連皮切成3mm厚的薄片）…1中顆（150g）
- 生酸奶油（參照p.57下方）…½杯
- 鹽…½小茶匙
- 粗黑胡椒粉…適量
- 迷迭香…適量

作法

1. 平底鍋中加入橄欖油後開中火加熱，將馬鈴薯表面煎至酥脆狀態後熄火冷卻。
2. 挑一個自己喜歡的麵包，依序放上生酸奶油、1，然後撒上鹽與黑胡椒，最後放上迷迭香。

B
醃拌紫洋蔥

材料　方便製作的分量、⅓斤吐司模10片分（1片16mm厚）

A
- 紫洋蔥（切薄片）…1中顆（150g）
- 酸豆…2大茶匙
- 橄欖油…1大茶匙
- 鹽…½～1小茶匙

- 蒔蘿…適量

作法

1. 盆中放入A部分的材料，攪拌均勻（靜置一段時間會更入味）。
2. 將適量的1放到自己喜歡的麵包上，最後以蒔蘿裝飾。

C
青花菜芽×豆腐沾醬

材料　方便製作的分量、1/3斤吐司模10片分（1片16mm厚）

- 瑞可達起司豆腐沾醬*1…適量
- 青花菜芽…½包

＊1：請參照p.91「瑞可達起司豆腐沾醬」的食譜。

作法

挑一個自己喜歡的麵包，依序放上適量的瑞可達起司豆腐沾醬、青花菜芽。

D
涼拌紅蘿蔔絲

材料　方便製作的分量、1/3斤吐司模10片分（1片16mm厚）

A
- 紅蘿蔔（切絲）…1中根（100g）
- 葡萄乾…1大茶匙
- 杏仁果（烤過且剁碎）*1…1大茶匙
- 檸檬汁…1小茶匙
- 鹽…適量

- 檸檬片（2～3mm厚的小扇形）…5片分

＊1：先以150℃烤箱烤15分鐘左右。也可以用市售的無調味熟杏仁果。

作法

1. 盆中放入A部分的材料，攪拌均勻。
2. 挑一個自己喜歡的麵包，放上適量的1，最後以檸檬片裝飾。

E
黑豆×米奶油

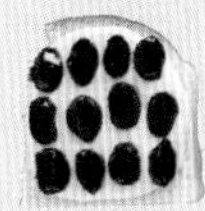

材料 方便製作的分量、⅓斤吐司模10片分（1片16㎜厚）

- 米奶油[*1]…½杯
- 蜜黑豆[*2]…50g

＊1：參照p.51餡料中「米奶油」的食譜。
＊2：參照p.43「焙茶蜜黑豆馬芬」中〔蜜黑豆〕的材料與作法步驟2。

作法

挑一個自己喜歡的麵包，依序放上適量的米奶油、蜜黑豆。

F
柳橙×豆腐鮮奶油

材料 方便製作的分量、⅓斤吐司模10片分（1片16㎜厚）

- 豆腐鮮奶油[*1]…½杯
- 柳橙（果肉）…2～3瓣
- 薄荷…適量

＊1：參照p.61「草莓裝飾蛋糕」的〔豆腐鮮奶油〕材料與作法。

作法

挑一個自己喜歡的麵包，依序放上適量的豆腐鮮奶油、柳橙，最後以薄荷裝飾。

G
無花果×生酸奶油

材料 方便製作的分量、⅓斤吐司模10片分（1片16㎜厚）

- 生酸奶油（參照下方）…½杯
- 無花果（切成弧形塊狀）…2～3片分
- 百里香…適量

作法

挑一個自己喜歡的麵包，依序放上生酸奶油、無花果，最後以百里香裝飾。

H
酪梨×生美乃滋

材料 方便製作的分量、⅓斤吐司模10片分（1片16㎜厚）

- 生美乃滋[*1]…½杯
- 酪梨（切成5㎜厚的薄片）…1顆
- 粗黑胡椒粉…適量

＊1：請參照p.87「生美乃滋」的作法。

作法

挑一個自己喜歡的麵包，依序放上適量生美乃滋、酪梨，最後撒上黑胡椒。

生酸奶油

材料 方便製作的分量

- 腰果（生）…120g
- 檸檬汁…40g
- 鹽…略少於1小茶匙
- 水…50g
- 楓糖漿（依個人喜好）…1小茶匙

作法

1. 以大量的水浸泡腰果（食譜分量外）2～4小時，接著稍微清洗後將水瀝乾。
2. 將1和其他材料放入果汁機，攪打成綿密糊狀。果汁機打不動時，可以加1～2小茶匙（食譜分量外）的水來調整濃稠度。

Column

簡單！漂亮！烘焙紙鋪法

生米麵包的米糊十分容易沾黏，所以一定要在模具中鋪上烘焙紙。以下介紹幾種可以簡單鋪好烘焙紙的方法。

長方形模具

撕下一張比模具尺寸大上一圈的烘焙紙，中央對準模具外底，輕輕按壓，摺出底面與側面間的摺痕。

四邊皆由外往內摺，並壓實摺痕，摺痕約比1的摺痕再往內2mm處。

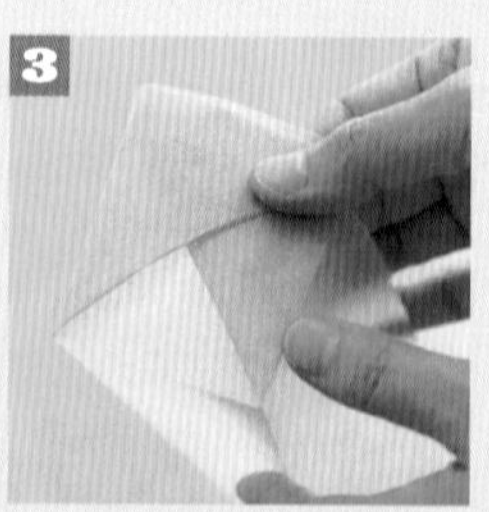

將烘焙紙拉撐成立體長方形。這時需注意正面與側面的邊有無對準，最後將多出來的三角形耳朵部分往側面摺好即可。

放入模具，由於步驟2往內多摺了2mm，所以尺寸會剛好吻合。如果側面沒辦法貼緊，可以拿小夾子固定。

平底鍋

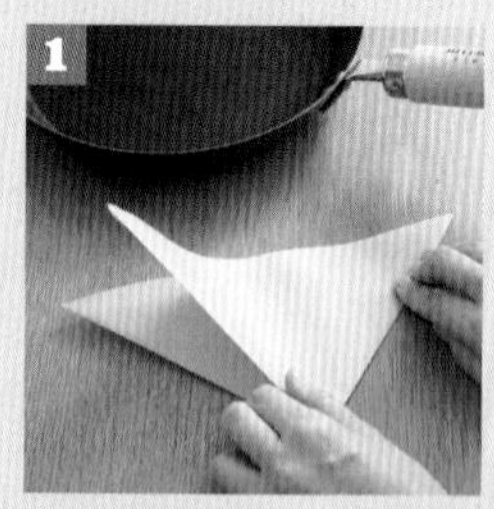

撕下比平底鍋大上一圈的正方形後斜摺成三角形，接著對摺再對摺，摺成更小的三角形。

將1最後的摺邊面對自己，往前摺至對齊斜邊，接著再以同樣方式，摺成與照片相同的細長狀。

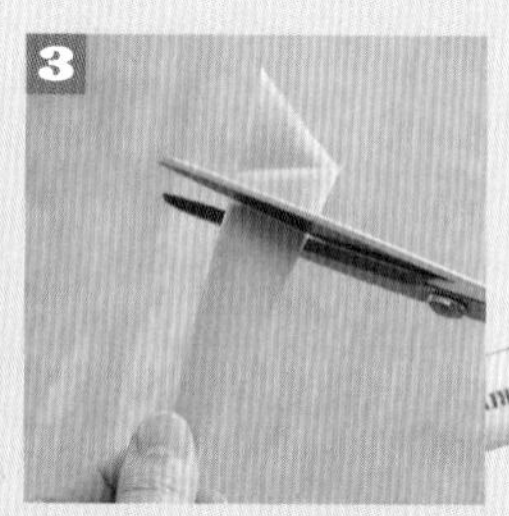

剪掉底部，做出等腰三角形。

將3攤開，平鋪在平底鍋中。比底面大的部分，可以沿著鍋邊往上摺。

圓形蛋糕模

撕下比模具大上一圈的正方形後斜摺成三角形，接著對摺再對摺，摺成更小的三角形。

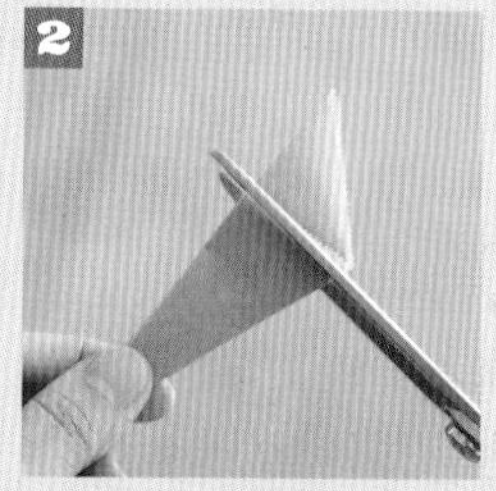

將1最後的摺邊面對自己，往前摺至對齊斜邊。剪掉底部，做出等腰三角形。

將2攤開，鋪在模具底部。接著剪下與模具高度等寬的烘焙紙，如果長度比模具圓周長，量好長度後可以用釘書機釘起烘焙紙。

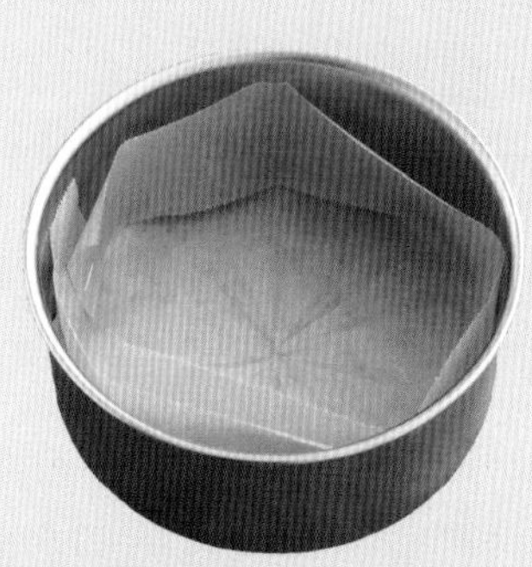

將3的烘焙紙放入模具並貼合形狀。就算放進去的時候看起來鬆垮垮的，倒入米糊後，米糊的重量也會將烘焙紙往外推至貼緊模具內側。

Chapter 3

對身體無負擔的自然甜
生米甜點

活用米本身甜味製作的甜點，
不添加過多糖分，讓自然的美味緩緩滲入味蕾。
本章將介紹各種療癒身心的甜點。

米中加入豆漿和杏仁果，
做出蓬鬆濕潤的海綿蛋糕，
接著再擠上滿滿的豆腐鮮奶油，
搭配酸酸甜甜的草莓特別對味。

草莓裝飾蛋糕

材料 **圓形蛋糕模（直徑12cm、活底可拆式）1個分**

〔海綿蛋糕〕

A
- 米…75g（泡水後100g）
- 杏仁果*1…20g
- 豆漿…55g
- 楓糖漿*2…40g
- 檸檬汁…5g（1小茶匙）
- 鹽…1g（1小撮）

- 油…40g

B
- 泡打粉…4g
- 小蘇打粉…2.5g

〔豆腐鮮奶油〕
- 嫩豆腐…400g
- 楓糖漿*3…60g
- 椰子油…60g
- 香草精（Vanilla Extract）*4…½小茶匙
- 鹽…1g（1小撮）

- 草莓…1袋

＊1：亦可以杏仁粉代替。
＊2：或是砂糖27g＋水13g
＊3：或是砂糖40g
＊4：或是使用較濃的香草精（Vanilla Essence）2～3滴

海綿蛋糕作法

1. 於模具中鋪上烘焙紙（參照p.58）。
2. 同「原味馬芬」（參照p.42）的步驟1～5。
3. 將米糊倒入模具，以預熱170℃的烤箱烘烤30～35分鐘，烤至表面出現棕紅焦色。
4. 出爐後移至鐵網上，待不燙後脫模，並繼續放涼。
5. 完全放涼後撕下烘焙紙，將蛋糕體橫切成3大片。

豆腐鮮奶油作法

1. 豆腐以紙巾包住並置於托盤，並壓上盤子等重物後，放入冰箱冷藏一晚（8～10小時），充分擠出水分至重量剩下約250～300g為止。
2. 將1與剩下的材料加入果汁機，攪拌至綿滑狀。
3. 將2倒入盆中，包起保鮮膜後放冰箱冷藏30分鐘～1小時左右冷卻凝固。

裝飾方法

1. 草莓摘掉蒂頭後清洗，留6～7顆放在上面裝飾用，剩下的全部切成5mm厚的薄片。
2. 將底層的海綿蛋糕放上蛋糕轉台（或以盤子代替），塗抹適量豆腐鮮奶油，接著放上分量一半的草莓片，再塗抹適量豆腐鮮奶油。
3. 放上第二層海綿蛋糕，以同樣順序先塗抹適量豆腐鮮奶油，再放上剩下的草莓片，並再次塗抹適量豆腐鮮奶油。
4. 蓋上頂層的海綿蛋糕，上面與側面均勻塗抹適量的豆腐鮮奶油。剩下的豆腐鮮奶油可裝入擠花袋，擠成自己喜歡的模樣。最後再放上裝飾用的草莓，就可以盛盤了。

巧克力蛋糕

材料 圓形蛋糕模（直徑12cm、活底可拆式）1個分

A
- 米…45g（泡水後60g）
- 杏仁果*1…20g
- 豆漿…50g
- 楓糖漿*2…70g
- 可可粉*3…20g
- 醋…5g（1小茶匙）
- 鹽…1g（1小撮）

- 椰子油…20g

B
- 泡打粉…2g
- 小蘇打粉…2.5g

＊1：亦可以杏仁粉代替。
＊2：或是砂糖47g＋水23g
＊3：譜中使用生可可豆搗碎而成的粉末。亦可以純可可粉（烘焙過後搗碎的粉末。無糖）代替。

作法

1. 於模具中鋪上烘焙紙（參照p.58）。
2. 同「原味馬芬」（參照p.42）的步驟1～5。
3. 將米糊倒入模具，以預熱至170℃的烤箱烘烤約30分鐘。烤至竹籤穿刺蛋糕時米糊不會沾黏的狀態。

略帶苦澀的成熟滋味，
一定很適合配酒享用。
加入杏仁果的蛋糕體
口感輕柔，入口即化。
冷藏過後還可以品嘗到生巧克力般的口感。

蓬鬆麵糰的秘密
在於加入了一點點的黃豆。
而且還具備米特有的Q軟口感。
可以依喜好搭配各種果醬享用。

戚風蛋糕

材料　戚風蛋糕模（直徑14㎝）1個分

A
- 米…115g（泡水後150g）
- 黃豆（乾燥）…20g
- 豆漿…90g
- 楓糖漿[*1]…60g
- 檸檬汁…5g（1小茶匙）
- 鹽…2g（略少於½小茶匙）

- 油…45g
- 泡打粉…6g

＊1：或是砂糖40g＋水20g

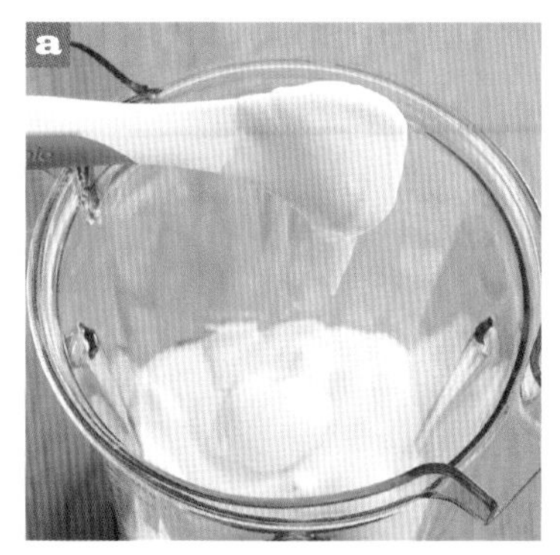

晃動刮刀時米糊會掉落的濃稠度。

作法

1. 黃豆淘洗過後，泡水靜置一晚（8～10小時）。
2. 同「原味馬芬」（參照p.42）的步驟 **1** 。
3. 烤箱預熱180℃。
4. 同「原味馬芬」的步驟 **3** ～ **4** （ **a** ）。
5. 將米糊倒入盆中，加入泡打粉後以刮刀快速攪拌。
6. 將米糊倒入模具，送入烤箱烘烤約25分鐘。烤至表面出現微微焦色。
7. 出爐後馬上將模具倒扣，並靜置待徹底冷卻。

   ＊溫度高時脫模會導致蛋糕縮水，所以必須完全放涼之後再脫模。

8. 將模具翻正，用手輕輕往中心按壓蛋糕體，讓蛋糕從邊緣開始剝離模具。接著拿脫模刀插入中央煙囪周圍的蛋糕體，劃一圈讓蛋糕剝離煙囪。
9. 慢慢將底盤往上推，將底板連同整個蛋糕推出模具。
10. 將脫模刀插入底盤與蛋糕之間，劃一圈讓蛋糕剝離底盤，最後倒扣在盛裝的容器上，輕輕拔開底盤。

柑橘磅蛋糕

材料　磅蛋糕模（直徑16×6.5×6㎝）1條分

〔配料〕
- 檸檬（日產）圓片…5片
- 楓糖漿…1大茶匙

A
- 米…80g（泡水後105g）
- 豆漿…50g
- 楓糖漿*1…50g
- 檸檬汁…10g（2小茶匙）
- 鹽…2g（略少於½小茶匙）
- 檸檬（日產）皮屑…1小茶匙

- 椰絲…30g
- 油…50g
- 泡打粉…6g

＊1：或是砂糖34g＋水16g

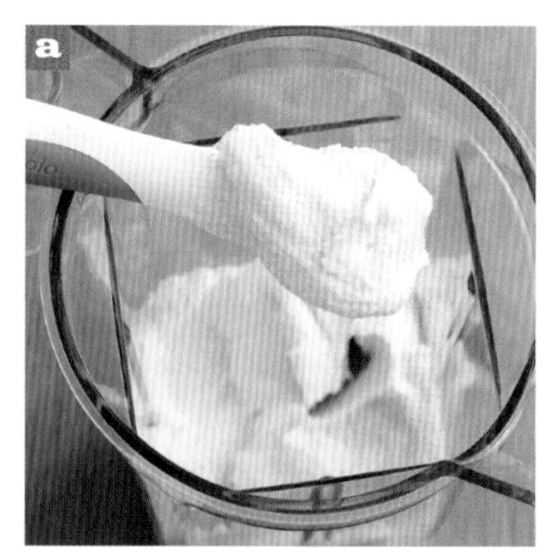

撈起來也不會掉落。由於米糊中加了椰絲，所以質地看起來較粗糙。

作法

1. 以〔配料〕分量中的楓糖漿抓醃檸檬圓片，靜置一晚（8～10小時）。
2. 同「基本版生米麵包」(參照p.16～17)的步驟1、4，洗米泡水，使用前將水瀝乾。
3. 於模具中鋪上烘焙紙（參照p.58）。烤箱預熱170℃。
4. 將A部分的材料放入果汁機，接著同「基本版生米麵包」的步驟6攪打。
5. 加入椰絲，並攪打至椰絲化為細粉狀。打成有點粗糙、帶有微粒的狀態即可。
   ＊若同時攪打椰絲和米，會導致米粒不易打碎，因此椰絲要晚一步放入。
6. 加入油，並將果汁機轉為低速，攪拌至米糊稍微凝固（a）
   ＊若米糊變得太硬，果汁機轉不太動時，也可以換到盆中攪拌。
7. 將米糊倒入盆中，加入泡打粉後以刮刀快速攪拌。
8. 將米糊倒入模具，並將1的檸檬片擦乾後放上米糊，送入烤箱烘烤約30～35分鐘。烤至竹籤穿刺蛋糕時米糊不會沾黏的狀態。

就算不使用奶油和雞蛋，
也能做出紮實又濃郁的磅蛋糕。
還可以配合季節或依照個人喜好，
將檸檬換成其他的柑橘類。

仿造出乳酪般的濃郁口感
可是生米麵包的特技。
明明沒有使用起司，
卻充滿起司風味的神奇蛋糕。

起司蛋糕

材料　圓形蛋糕模（直徑12㎝、活底可拆式）1個分

〔餅乾底〕
- 杏仁果（生）*1…30g
- 椰棗…20g
- 鹽…1g（1小撮）
- 水…½小茶匙

〔蛋糕體〕

A
- 豆漿優格…300g
- 楓糖漿*2…60g
- 米…30g（泡水後40g）
- 檸檬汁…5g（1小茶匙）
- 鹽…0.5g（少許）

- 椰子油*3…50g

＊1：亦可以杏仁粉代替
＊2：或是砂糖40g＋水20g
＊3：椰子油凝固時，需先加熱融化後再使用

a 留下明顯的粗顆粒。

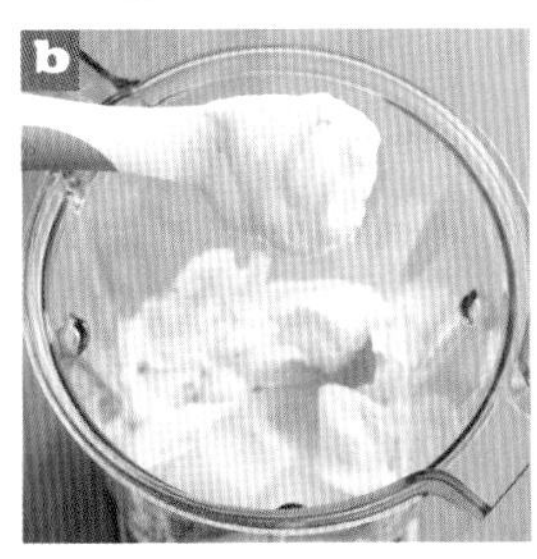
b 晃動矽膠刮刀時會掉落的濃稠度。

餅乾底作法

1 於模具中鋪上烘焙紙（參照p.58）。

2 將餅乾底的材料全部放入食物調理機，攪打至手指一捏會結塊的碎粒程度（a）。

＊若無食物調理機：可以拿比較結實的塑膠袋裝杏仁果，然後以擀麵棍等器具敲碎，再取一個塑膠袋，放入切成碎塊的椰棗與敲碎的杏仁果，用手壓揉混合。

3 將2倒入模具，並以湯匙背面壓平壓實，鋪滿整個底面。

作法

1 將鋪了紙巾的濾網掛在盆子上，接著放上優格，並以保鮮膜封起來，放冰箱冷藏一晚（8～10小時），脫水直到剩下原先的一半量為止。

2 同「基本版生米麵包」（參照p.16～17）的步驟1、4，洗米泡水，使用前將水瀝乾。烤箱預熱170℃。

3 將A部分的材料放入果汁機，接著同「基本版生米麵包」的步驟6充分攪打。

4 加入椰子油，將米糊攪拌成些許凝固的綿密糊狀（b）。

5 將4倒入鋪了餅乾底的模具。烤箱烘烤約35～40分鐘。烤至表面出現微微焦色。

6 靜置待不燙後再脫模，並繼續於鐵網上放涼，最後放入冰箱冷藏。蛋糕質地變得更硬後，即可切分。

＊冷藏可保存3天左右。

熱騰騰比司吉

材料 馬芬模(口徑5.6×高3.4㎝)6個分

A
- 米…90g(泡水後120g)
- 嫩豆腐…80g
- 楓糖漿[*1]…8g(1小茶匙)
- 檸檬汁…2.5g(½小茶匙)
- 鹽…2g(略少於½小茶匙)

- 椰子油[*2]…35g
- 泡打粉…6g

＊1：或是砂糖5g+水5g
＊2：椰子油凝固時，需先加熱融化後再使用。

作法

1. 同「基本版生米麵包」(參照p.16～17)的步驟1、4，洗米泡水，使用前將水瀝乾。
2. 烤箱預熱180℃。
3. 將A部分的材料放入果汁機，接著同「基本版生米麵包」的步驟6充分攪打。
4. 加入椰子油，將米糊攪拌至些許凝固的綿密膏狀(a)。
5. 將米糊倒入盆中，加入泡打粉後以刮刀快速攪拌。
6. 模具中放入烘焙紙杯，每一杯中各倒入⅙量的5。表面噴灑水霧後，送進烤箱烤20分鐘，烤至表面出現焦色。

＊可依喜好抹上素奶油(參照右上)或果醬、楓糖漿食用。

素奶油

材料 方便製作的分量

- 椰子油…100g
- 豆漿優格…30g
- 鹽…2～3g

作法

所有材料放入果汁機，攪打至濃稠鮮奶油狀為止。

＊氣溫較低時，椰子油可能會凝固。這時需先加熱融化，再放入果汁機。另外，如果是剛拆封的優格，沒用完的部分可以冷凍保存。下次使用前再拿出來放在室溫下解凍，不過建議盡量在2～3天之內用完。

a 晃動矽膠刮刀時也不會掉落的黏稠度。

米糊加了豆腐，口感外酥內鬆。
剛出爐時熱騰騰的最好吃，
如果冷掉了，建議用烤土司機
加熱後再享用。

最大限度縮減水分，
打造酥脆爽口的口感。
提升脆度的小秘訣，
就是盡可能做得薄一點。

生米餅乾

材料　**大烤盤1盤分（約5㎝見方30片分）**

A
- 米…90g（泡水後120g）
- 楓糖漿*1…65g
- 鹽…（1小撮）

- 油…25g
- 椰絲…100g

＊1：或是砂糖44g＋水21g

作法

1 同「基本版生米麵包」（參照p.16～17）的步驟1、4，洗米泡水，使用前將水瀝乾。烤箱預熱160℃。

2 將A部分的材料放入果汁機，攪拌10秒後暫停一下再繼續攪拌，重複數次直到整體打成抹醬狀。暫停時，拿刮刀將攪打時噴濺到杯子側面的米糊刮下去，確保整體米糊能攪拌均勻。

＊本譜的米糊較硬，所以須打打停停數次，花時間徹底粉碎原料。

3 加入油，將米糊攪拌成凝固的膏狀（a）。

4 將米糊倒入盆中，加入椰絲後以刮刀攪拌均勻（b）。

5 剪下符合烤盤大小的烘焙紙，並將米糊倒在烘焙紙上，以擀麵棍擀平至1～2㎜厚的程度。接著決定自己想要的大小，以抹刀在表面刻劃刀痕，再連烘焙紙一起整片放到烤盤上。

6 送進烤箱烤12～15分鐘，烤至表面出現金黃焦色。冷卻後即可依先前的刀痕折斷。

水分非常少，厚重紮實的米糊。

吸收了水分後硬得像黏土一樣。

剩下的生米麵包可以做成

脆脆麵包乾

吃不完的生米麵包，
做成麵包乾也不賴。
各位可以發揮創意，
做出自己喜歡的口味。

材料 約30片分

- 「基本版生米麵包」等喜歡的麵包…1條
- 素奶油（參照p.70）…60g

〔調味〕
- 大蒜粉或新鮮大蒜…適量
- 楓糖漿…適量
- 椰糖…適量

作法

1. 烤盤上鋪好烘焙紙，烤箱預熱150℃。
2. 將生米麵包切成5㎜厚片，擺上烤盤。
3. 送進烤箱烤15分鐘，烤出金黃焦色後取出，抹上素奶油。
4. 〔蒜香口味〕
   於3表面撒上大蒜粉，或是以新鮮大蒜摩擦，沾上風味。
   〔楓糖口味〕
   於3表面塗上楓糖漿。
   〔椰香口味〕
   於3表面撒上椰糖。
5. 將各種調味好的麵包再次放上烤盤，以150℃烤箱二次烘烤10分鐘左右。觀察狀況，烤至表面出現金黃焦色即可。

Chapter 4

不需要烤箱的簡單麵包

用平底鍋做生米麵包

拓展生米麵包更多的可能，
從發酵到烤熟都用平底鍋搞定。
本章食譜較簡易，新手也能輕鬆嘗試。

蓬鬆柔軟蒸麵包

用平底鍋才有辦法做的「蒸煮」麵包。
如果想換成其他的蔬菜試試看，
小心水別加太多。

蒸麵包　原味

材料　布丁杯（口徑6.3×高3.2㎝）5個分

A
- 米…115g（泡水後150g）
- 油…26g（2大茶匙）
- 楓糖漿*1…25g
- 鹽…2g（略少於½小茶匙）
- 水…60g

- 泡打粉…6g

＊1：或是砂糖17g＋水8g

作法

1. 同「基本版生米麵包」（參照p.16～17）的步驟1、4，洗米泡水，使用前將水瀝乾。
2. 將A部分的材料放入果汁機，接著同「基本版生米麵包」的步驟6充分攪打均勻至毫無顆粒、濃稠綿密狀為止。
3. 平底鍋中加入約模具高度⅓的水（食譜分量外）煮開。接著將米糊倒入盆中，加入泡打粉後以刮刀迅速攪拌。
4. 模具中放入烘焙紙杯，倒入米糊。
5. 將4放入平底鍋中（a），蓋上鍋蓋蒸12分鐘。

抹茶口味蒸麵包

材料　**布丁杯（口徑6.3×高3.2㎝）5個分**

- 「原味蒸麵包」…分量皆同（水改為40g）
- 抹茶…1小茶匙

作法

1. 同「原味蒸麵包」的步驟1。
2. 同「原味蒸麵包」的步驟2。不過此時要將抹茶加入果汁機，與其他材料一同攪拌。
3. 同「原味蒸麵包 」的步驟3～5。

南瓜口味蒸麵包

材料　**布丁杯（口徑6.3×高3.2㎝）5個分**

- 「原味蒸麵包」…分量皆同（水改為40g）
- 南瓜（去皮後切成2～3㎝小塊）…30g

作法

1. 同「原味蒸麵包」的步驟1。
2. 同「原味蒸麵包」的步驟2。不過此時要將南瓜加入果汁機，與其他材料一同攪拌。
3. 同「原味蒸麵包」的步驟3～5。

披薩

質地黏稠的生米麵包米糊，
搭配平底鍋本身的鍋型，
可以輕易做出圓圓的披薩。
彈性十足的口感十分道地！

材料 直徑約18㎝一片分、各譜皆同

- 「基本版生米麵包」（參照p.15）…分量皆同
- 喜歡的配料（參照各譜）…分量皆同

作法

1. 同「基本版生米麵包」（參照p.16～17）的步驟1，洗米泡水。準備2張鋪在平底鍋中用的烘焙紙，先鋪其中1張（參照p.58）。
2. 同「基本版生米麵包」的步驟3～7製作米糊，製作完畢後倒入平底鍋，並依照〔配料〕的作法準備好各種口味的配料後，放上米糊。
3. 準備一個直徑略小於平底鍋的小鍋子，裡頭放入50℃的熱水，並將2的平底鍋放到小鍋子上，蓋上鍋蓋（a），靜置30分鐘左右待米糊發酵。若過程中熱水溫度下降太多則進行加溫。
4. 待米糊膨脹至原先體積的2倍大後，鍋蓋繼續蓋著，直接移到爐上開小火，烤10分鐘後翻面再烤5分鐘。

＊翻面方法：放上步驟1準備的另一張烘焙紙，接著將砧板蓋在平底鍋上壓好，直接翻轉平底鍋倒扣。之後拿開平底鍋，將披薩連同底下的烘焙紙一起放回平底鍋中。

〔配料〕

香蒜羅勒

材料 1片分

- 大蒜（薄片）…1瓣
- 橄欖油…2大茶匙
- 羅勒（葉片）…10片
- 鹽…5g（1小茶匙）
- 粗黑胡椒粉…適量

作法

蒜片淋上橄欖油後輕輕拌勻，接著平均分散在平底鍋中的米糊表面，最後放上羅勒葉，撒上鹽巴與黑胡椒。

番茄乾

材料 1片分

- 小番茄乾（油漬，切成一口大小）…7～8顆
- 粗黑胡椒粉…適量

作法

米糊倒入平底鍋後，表面平均放上小番茄乾，並撒上鹽巴（食譜分量外。若番茄乾為無鹽口味才需添加）、黑胡椒。

蘑菇

材料 1片分

- 蘑菇（薄片）…3～4顆
- 橄欖油…2大茶匙
- 鹽…5g（1小茶匙）
- 粗黑胡椒粉…適量
- 迷迭香…4枝

作法

蘑菇淋上橄欖油後輕輕拌勻，接著平均分散在平底鍋中的米糊表面，撒上鹽巴與黑胡椒，最後放上迷迭香。

蔬菜包（Oyaki）

長野縣的鄉土料理，
原本是米飯之外的第二主食，
不過奢侈地用米取代麵粉，
風味跟和風蔬菜餡料
更是一拍即合！

材料　布丁杯（直徑6.3×高3.2㎝）6個分、各譜皆同

- 「基本版生米麵包」的材料（參照p.15）…分量皆同
- 喜歡的配料（參照p.81）…分量皆同

作法　各譜皆同

1. 同「基本版生米麵包」（參照p.16～17）的步驟1、3～7製作米糊。
2. 將模具放入平底鍋，接著各自放入烘焙紙杯。每一杯中各倒入1/12的1，再各放入1/6的〔蔬菜包餡料〕，最後再將剩下的米糊平均倒入每一杯中。
3. 2的平底鍋中加入約模具高度1/3的水（食譜分量外），加熱至40～50℃。
4. 蓋上鍋蓋，靜置30分鐘左右待米糊發酵。若過程中熱水溫度下降太多則進行加溫。
5. 待米糊膨脹至原先體積的2倍大後，鍋蓋繼續蓋著，直接開大火，待鍋中充滿蒸氣後繼續蒸10～12分鐘。

〔希望表面帶有金黃焦色時〕

6. 取出5平底鍋中的模具，倒掉熱水，並於鍋底鋪上烘焙紙（參照p.58）。將模具倒扣放回鍋中，大火加熱2～3分鐘，烤至表面出現焦色。

〔蔬菜包餡料〕

白蘿蔔乾

材料 蔬菜包6顆

- 白蘿蔔乾…20g
- 紅蘿蔔（切粗條）…2～3cm（15g）
- 麻油…1小茶匙
- A
  - 醬油…2小茶匙
  - 味醂…2小茶匙
  - 水…1杯

作法

1. 裝水泡發白蘿蔔乾後，將多餘的水分擠出，切2～3cm長備用。
2. 小鍋中放入麻油，開中火熱鍋，接著加入白蘿蔔乾和紅蘿蔔快速翻炒。
3. 加入A部分的材料，蓋上鍋蓋後繼續煮10～15分鐘，煮至水分收乾為止。

味噌炒茄子

材料 蔬菜包6顆

- 麻油…2大茶匙
- 茄子（切成1cm小塊）…3小條（200g）
- 薑（切絲）…1小片
- 味噌…略多於1大茶匙
- 楓糖漿…1小茶匙

作法

鍋中放入麻油後熱鍋，以中火翻炒茄子與薑絲。茄子炒軟後再加入味噌與楓糖漿拌勻即可。

醬炒鮮菇高麗菜

材料 蔬菜包6顆

- 麻油…2大茶匙
- 高麗菜（切成2～3cm小片）…2片（100g）
- 美姬菇（切成2～3cm長）…1包（100g）
- 薑（切絲）…1小片
- 醬油…2小茶匙

作法

1. 鍋中放入麻油，以中火翻炒薑、高麗菜與美姬菇。
2. 整體淋上醬油，拌勻後即可。

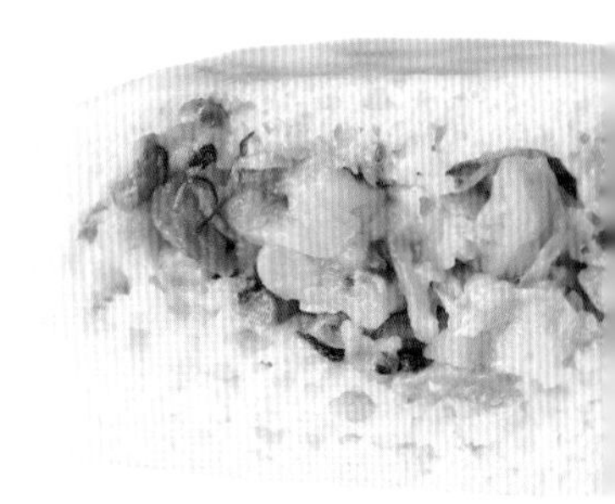

味噌紅蔥

材料 蔬菜包6顆

- 薑（切絲）…1小片
- 味噌…1大茶匙
- 麻油…1大茶匙
- 紅蔥（切成2～3cm長）…4～5條分

作法

1. 鍋中放入麻油，以中火翻炒紅蔥與薑，炒至紅蔥軟化。
2. 加入味噌後拌勻即可。

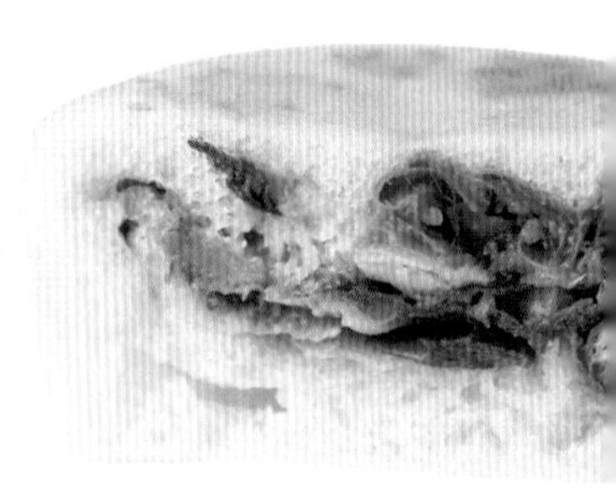

稍微切成吐司片的模樣，
可以嘗到酥脆的表皮與綿軟的麵糰。
塗上素奶油後更是人間美味。
最適合早餐吃的麵包。

英式馬芬

材料　**慕斯圈（直徑8×高2.5㎝）4個分**

- 「基本版生米麵包」（參照p.15）…分量皆同
- 粗玉米粉（Grits）*1…2大茶匙

＊1：玉米磨成的粗粉

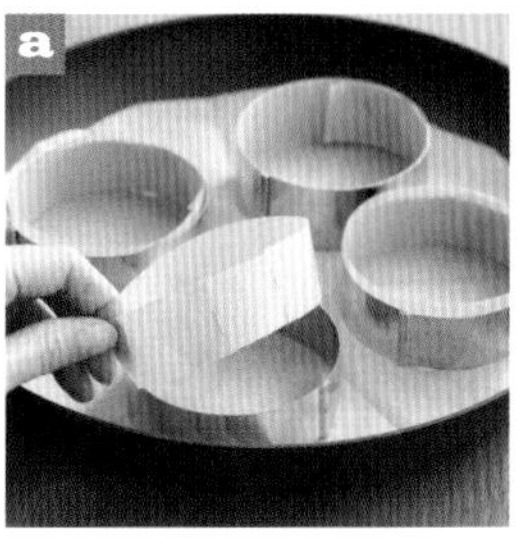

作法

1 同「基本版生米麵包」（參照p.16～17）的步驟1，洗米泡水。

2 平底鍋中鋪好烘焙紙（參照p.58），並擺上慕斯圈。慕斯圈內圈也放入等高的烘焙紙（a）。

3 慕斯圈中各撒入⅛量的玉米粗粉，並且平均分散開來（b）。

4 同「基本版生米麵包」的步驟3～7製作米糊，製作完畢後倒入慕斯圈。取一小容器盛裝熱水，放在鍋內空位處。

＊準備一點熱水可避免米糊過於乾燥。

5 準備一個直徑略小於平底鍋的小鍋子，裡頭放入50℃的熱水，並將平底鍋放到小鍋子上，蓋上鍋蓋（c），靜置30分鐘左右待米糊發酵。若過程中熱水溫度下降太多則進行加溫。

6 待米糊膨脹至原先體積的2倍大後，取出平底鍋內裝熱水的容器，接著於整體表面噴灑水霧，再平均撒上剩餘的粗玉米粉。

7 蓋上鍋蓋，移到爐上開小火烤10分鐘。接著將慕斯圈上下翻面，再烤5分鐘。

＊戴著工地手套比較好翻面（小心別燙到）。

8 烤完後，連同慕斯圈一起拿出來放在鐵網上，待不燙後再脫模。

蓬鬆的鬆餅

材料 直徑9cm 4片分

A
- 米…90g（泡水後120g）
- 豆漿優格…80g
- 楓糖漿*1…20g（1大茶匙）
- 檸檬汁…2.5g（½小茶匙）
- 鹽…2g（略少於½小茶匙）

- 椰子油…20g
- 泡打粉…6g

＊1：或是砂糖13g＋水7g

作法

1 同「基本版生米麵包」（參照p.16～17）的步驟1、4，洗米泡水，使用前將水瀝乾。

2 將A部分的材料放入果汁機，接著同「基本版生米麵包」的步驟6充分攪打。

3 加入椰子油，將米糊攪拌至些許凝固的綿密糊狀。

4 將米糊倒入盆中，加入泡打粉後以刮刀快速攪拌。

5 開中火熱鍋，加入⅓小茶匙的油（食譜分量外），以紙巾均勻抹開，接著將平底鍋放到濕抹布上5秒。

＊將鍋子放到濕抹布上，能讓鍋子整體溫度均一，烤出更漂亮的成品。

6 將平底鍋移回爐上，接著倒入¼量的米糊。待米糊開始冒泡，出現孔洞後即可翻面，再烤2～3分鐘。剩下3片也以同樣方式處理。

＊享用時可依個人喜好放上素奶油，並淋上楓糖漿。

紫實的鬆餅

材料 直徑12cm 3片分

- A
  - 米…90g（泡水後120g）
  - 甘酒…40g
  - 豆漿…30g（2大茶匙）
  - 檸檬汁…2.5g（½小茶匙）
  - 鹽…2g（略少於½小茶匙）
- 椰子油…20g
- 泡打粉…6g

作法

同「Q綿的鬆餅」的步驟1～6。總共煎3片。

加入甘酒可以
大大增加濕潤口感。
雖然剛煎好的味道便十分誘人，
不過搭配鹹沾醬，當輕食享用也不錯。

使用米和馬鈴薯製作，
簡單的原料和各種食物都好搭配。
拿一張Q軟的餅皮，
夾上滿滿的蔬菜！

用米做成的餅皮輕薄卻
充滿韌性。取一片裝盤，
捲起奶油和水果，
就是一道好吃的甜點。

墨西哥薄餅

材料　**直徑18cm 4片分**

〔薄餅〕直徑18cm 4片分

A
- 米…90g（泡水後120g）
- 馬鈴薯（去皮後切成2～3cm小塊）…30g
- 油…13g（1大茶匙）
- 鹽…1g（1小撮）　• 水…90g

〔配料〕4片分
- 生美乃滋（參照右下）…4大茶匙
- 紅葉萵苣…4張
- 酪梨（對切後再切成5mm厚的薄片）…1顆
- 紅蘿蔔（切絲）…1根
- 紫高麗菜（切絲）…⅛顆
- 甜椒（顏色隨意。切絲）…1顆

作法

1. 同「基本版生米麵包」（參照p.16～17）的步驟1、4，洗米泡水，使用前將水瀝乾。
2. 將A部分的材料放入果汁機，接著同「基本版生米麵包」的步驟6充分攪打均勻至濃稠綿密狀為止。
3. 開小火熱平底鍋，加入¼小茶匙的油（食譜分量外），以紙巾均勻抹開，接著倒入¼量的2並均勻推開。

＊也可用燒烤盤製作。

4. 米糊表面乾燥後翻面，繼續煎1～2分鐘。剩下3片也以同樣方式處理。
5. 餅皮煎好後，各自放上¼的配料，即可捲起來享用。

＊用漢堡紙袋包起來更容易吃。

可麗餅

材料　**直徑20cm 4片分**

A
- 米…90g（泡水後120g）
- 楓糖漿[*1]…25g（略多於1大茶匙）
- 杏仁果（生）[*2]…10g
- 鹽…1g（1小撮）
- 油…13g（1大茶匙）
- 水…140g

〔配料〕各2片分

B
- 豆腐鮮奶油（參照p.61）…½杯
- 時令水果…適量

C
- 巧克力醬（參照右譜）…½杯
- 香蕉（切成5mm長）…1根

＊1：或是砂糖17g＋水8g
＊2：亦可以杏仁粉代替

作法

1. 同「墨西哥薄餅」的步驟1～4。
2. 餅皮煎好後，各自依序抹上B、C中½量的醬料，再放上水果，即可捲起來享用。

生美乃滋

材料　**方便製作的分量**

- 腰果（生）…120g
- 檸檬汁…20g
- 鹽…略少於1小茶匙
- 水…80g
- 楓糖漿（依喜好）[*1]…1小茶匙

＊1：喜歡甜味美乃滋的人可以加入。

作法

1. 以大量的水浸泡腰果（食譜分量外）2～4小時，接著稍微清洗後將水瀝乾。
2. 將1和其他材料放入果汁機，攪打成濃稠綿滑狀。果汁機打不動時，可以加1～2小茶匙（食譜分量外）的水來調整濃稠度。

巧克力醬

材料　**方便製作的分量**

- 〔豆腐鮮奶油〕的材料（參照p.61）…分量皆同
- 可可粉[*1]…40g
- 楓糖漿…1大茶匙

＊1：譜中使用生可可豆搗碎而成的粉末。亦可以純可可粉（無糖）代替。

作法

1. 將所有材料放入果汁機，攪打成濃稠綿滑狀。
2. 倒入盆中，包起保鮮膜後放冰箱冷藏30分鐘冷卻凝固。

地瓜大餡餅

烤成薄餅的模樣才能
讓麵包和地瓜餡緊緊相依。
令人忍不住想大口咬下！

材料　直徑18㎝ 1片分

- 「基本版生米麵包」的材料（參照p.15）…分量皆同
- 紫心地瓜餡（參照下譜）…200g

作法

1. 同「基本版生米麵包」（參照p.16～17）的步驟1，洗米泡水。並於平底鍋中鋪上烘焙紙（參照p.58）。
2. 拉一張保鮮膜，將紫心地瓜餡放上去，推開成直徑15cm左右的圓餅狀。
3. 同「基本版生米麵包」的步驟3～7製作米糊，接著將一半的量倒入平底鍋。
4. 2的保鮮膜的面朝上，將紫心地瓜餡放上3後撕下保鮮膜（a），接著再將剩下的米糊倒入平底鍋。
5. 準備一個直徑略小於平底鍋的小鍋子，裡頭放入50℃的熱水，並將4的平底鍋放到小鍋子上，蓋上鍋蓋靜置30分鐘左右，待米糊發酵。若過程中熱水溫度下降太多，則進行加溫。
6. 待米糊膨脹至原先體積的2倍大後，鍋蓋繼續蓋著，直接移到爐上開小火。烤10分鐘左右至表面乾燥後，噴灑適量水霧，接著翻面（同p.79 4的翻面方法）再烤5分鐘。

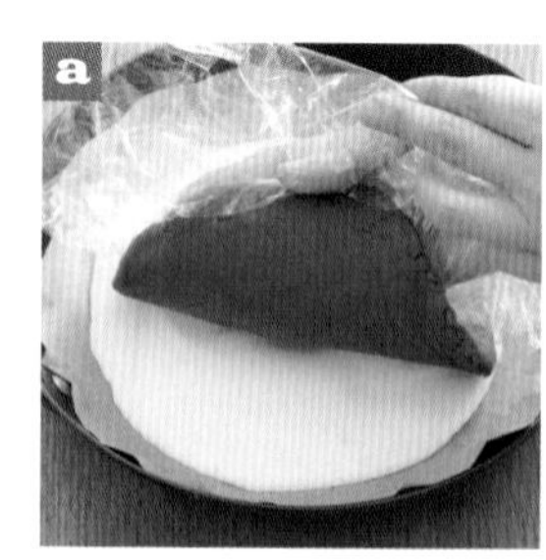

米糊的面積要比餡料部分大一些。撕開保鮮膜時記得從邊緣開始撕。

紫心地瓜餡

材料　方便製作的分量

- 紫心地瓜（去皮後切成1cm小塊）＊1…1條（200g）
- 楓糖漿＊2…50g
- 鹽…適量

＊1：亦可使用一般的地瓜。
＊2：或是砂糖34g＋水16g

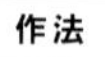

作法

1. 小鍋中放入紫心地瓜，加水至稍微淹過表面的高度（食譜分量外），蓋上鍋蓋燜煮約10分鐘，將地瓜煮軟煮爛。煮好後以濾網濾出，靜置冷卻。
2. 將1與其他材料加入食物調理機，攪打至抹醬狀。

＊若無食物調理機：將1中已經瀝乾的地瓜立刻放回鍋中，加入其他材料後開小火，並以木鏟壓爛地瓜，煮到水分幾乎沒有，形成抹醬狀為止。

Chapter 5

妝點生活的餐桌好煮意
生米麵包配菜

各種超適合搭配生米麵包的
湯品和沾醬、沙拉食譜。
麵包教室的人氣菜餚。

多了生米麵包的餐桌

全家大小圍著餐桌快樂吃飯。
富含蔬菜營養的沾醬與沙拉，
孩子也愛吃得不得了。

A
鳳梨薄荷果昔

材料　4人分

- 鳳梨（去皮後切成2～3㎝小塊）…½顆
- 薄荷…½杯　● 檸檬汁…1大茶匙
- 水…½杯

作法

將所有材料放入果汁機，攪打至綿密的奶昔狀。水分不夠的話可以適度添加水來調整（食譜分量外）。

B
嫩葉與時令柑橘沙拉

材料　4人分

- 嫩葉生菜 …1包
- 時令柑橘（果肉）…1顆
- 美國山核桃（烘烤過）*1…2大茶匙
- 蔓越莓乾…2大茶匙
- 巴薩米克醋…1大茶匙　● 橄欖油…1大茶匙
- 鹽、粗黑胡椒粉…各適量

＊1：事先以160℃烤箱烘烤約10分鐘。也可以用市售的無調味熟堅果。

作法

1 取一容器，放入嫩葉生菜與柑橘。

2 1中撒上美國山核桃和蔓越莓乾。

3 以劃圈方式淋上巴薩米克醋、橄欖油。

4 夾取要吃的量到自己的盤子上，撒上鹽與胡椒。

C
羅勒沾醬

材料　**方便製作的分量**

- 杏仁果（烘烤過）*1…35g
- 水煮豆（四季豆、鷹嘴豆、小扁豆等）*2…200g
- 羅勒（葉片）…10～20片（5g）
- 大蒜（泥）…½瓣
- 檸檬汁…2～3大茶匙
- 橄欖油…2大茶匙
- 鹽…½小茶匙

＊1：事先以150℃烤箱烘烤約15分鐘。也可以用市售的無調味熟堅果，或是泡水8～12個小時的生堅果。
＊2：可使用市售的罐頭或袋裝豆。

作法

1. 將杏仁果放入食物調理機，攪打成細粒狀。
2. **1**中加入剩下的材料，繼續攪打成抹醬狀。味道不夠的話可以加少許的鹽（食譜分量外）調味。

D
瑞可達起司豆腐沾醬

材料　**方便製作的分量**

- 板豆腐…200g
- 橄欖油…2小茶匙
- 洋蔥粉*1…適量
- 大蒜粉*1…適量
- 羅勒（乾燥）…1g（1小茶匙）
- 檸檬汁…1小茶匙
- 鹽…½小茶匙
- 白味噌…1小茶匙
- 粗黑胡椒粉…適量

＊1：也可使用新鮮洋蔥（50g切末）、新鮮大蒜（1瓣切末），以少許橄欖油快速翻炒。

作法

1. 豆腐以紙巾包住並置於托盤，並壓上盤子等重物，放入冰箱冷藏一晚（8～10小時），充分擠出水分至重量剩下約150g為止。
2. **1**中加入剩下的材料，拿叉子搗碎豆腐並混合均勻。

E
蘑菇沾醬

材料　**方便製作的分量**

- 杏仁果（烘烤過）*1…120g
- 蘑菇…10顆（120g）
- 橄欖油…2大茶匙
- 鹽麴…2大茶匙
- 粗黑胡椒粉…適量

＊1：事先以150℃烤箱烘烤約15分鐘。也可以用市售的無調味熟堅果，或是泡水8～12個小時的生堅果。

作法

1. 將杏仁果放入食物調理機，攪打成細粒狀。
2. **1**中加入剩下的材料，繼續攪打成帶有顆粒的抹醬狀。

＊：與其攪拌成細滑的抹醬狀，留下一點顆粒的口感更好。

F
紅椒沾醬

材料　**方便製作的分量**

- 紅椒…500g
- 杏仁果（烘烤過）*1…35g
- 番茄醬…1大茶匙
- 大蒜（泥）…½瓣
- 檸檬汁…2小茶匙
- 橄欖油…2小茶匙
- 紅椒粉（煙燻）…½小茶匙
- 鹽…¼～½小茶匙

＊1：事先以150℃烤箱烘烤約15分鐘。也可以用市售的無調味熟堅果，或是泡水8～12個小時的生堅果。

作法

1. 紅椒烤至表皮焦黑，待冷卻後去皮。
2. 將杏仁果放入食物調理機，攪打成細粒狀。
3. **2**中加入剩下的材料，繼續攪打成抹醬狀。試吃後若覺得味道太淡，再添加鹽巴。

適合搭配生米麵包的季節湯品

只要有一碗湯、一份生米麵包，就是豐盛的一餐。使用大量的時令蔬菜，每個季節都能享受不同菜色。

烤番茄濃湯

材料 4人分

- 番茄…3中顆（500g）
- 洋蔥（切成弧形塊狀）…¼中顆（50g）
- 大蒜（薄片）…1瓣
- 喜歡的新鮮香草…¼杯
- 橄欖油…1大茶匙
- 檸檬汁…1小茶匙
- 楓糖漿…1小茶匙
- 鹽…½小茶匙

作法

1. 將材料全部放入耐熱容器。以預熱好200℃的烤箱烤30分鐘後放涼。
2. 將**1**放入果汁機，攪打成綿密糊狀。若覺得味道太淡，可以加入適量鹽巴（食譜分量外）調整。完成後裝入容器，可依個人喜好撒上粗黑胡椒粉。

春

雖然番茄給人的感覺
比較偏向夏天，
但其實甜度最高、
最好吃的時候是在春天。
攪打前烘烤的小動作，
是提升美味的關鍵。

玉米濃湯

材料 4人分

- A
  - 玉米粒（已蒸熟）…1根
  - 鹽…1小茶匙
  - 水…300㎖
- 喜歡的香草…適量

作法

1. 將 A 部分的材料放入果汁機，攪打成綿密糊狀。若覺得味道太淡，可以加入適量鹽巴（食譜分量外）調整。
2. 準備一個篩子或濾網，鋪上濾布，過濾 1 後放入冰箱冷藏至冰冰涼涼的狀態。
3. 裝入容器，放上自己喜歡的香草。可依個人喜好撒上粗黑胡椒粉。

夏

正值盛產期的玉米
可以用少許的鹽提出鮮甜。
簡單卻令人回味無窮的湯品，
可以盡情品嘗食材的天然滋味。

鮮菇濃湯

材料 4人分

- 馬鈴薯…1小顆（100g）
- 洋蔥…¼小顆（30g）
- 西洋芹（薄片）…2～3㎝分（10g）
- 舞菇…½包（50g）
- 杏仁果[*1]…15g
- 香菇乾…1片
- 昆布…10㎝
- 鹽…½小茶匙
- 月桂葉…1片
- 水…500㎖

＊1：泡水12小時候再使用。也可以用市售的無調味熟堅果。

作法

1. 馬鈴薯、洋蔥、西洋芹切成小塊，舞菇用手撕成小片。將所有材料放入鍋中煮20分鐘左右直到軟化。接著取出香菇乾的柄、昆布、月桂葉後放涼。
2. 將**1**放入果汁機，攪打成綿密糊狀。若覺得味道太淡，可以加入適量鹽巴（食譜分量外）調整。
3. 倒回鍋中加熱過後即可裝入餐碗。可依個人喜好撒上粗黑胡椒粉。

花椰菜清湯

材料　4人分

- 橄欖油…1小茶匙
- 大蒜（切末）…1瓣
- 蕎麥果實…¼杯
- 百里香…2枝
- 鹽…略少於1小茶匙
- 水…600㎖
- 花椰菜（切成一口大小）…100g

作法

1. 取一單柄鍋，開中火加熱。鍋熱後加入橄欖油與大蒜，炒出香氣。
2. 加入蕎麥果實、百里香、鹽、水，蓋上鍋蓋煮15分鐘至所有食材軟化。
3. 最後加入花椰菜，煮滾之後即可關火。

PROFILE

Leto史織（Leto Shiori）

素食料理研究家。擁有廚師、KUSHI禪食講師、米麵粉大師、生機飲食講師、生機果昔專家、生機飲食營養學1級等多項證照。大學畢業後進入料理學校（今École辻東京）的辻日本料理學院進修，曾於餐廳、西洋甜點店工作。孩子出生後，開始鑽研禪食、米麵粉、無麩質食品、生機飲食。提倡以生米製作麵包與甜點，並於住家創辦生米麵包講座、生米甜點講座、生機飲食講座等多項超人氣料理教室。課程報名人數場場爆滿，總有人在等待備取名額釋出。

個人網站 https://vegan-pantry.com/

Instagram @shioris_vegan_pantry

推特 @shiorileto

食材贊助

- 宍戸農園
- こだわり食材572310.com
- サラ秋田白神

攝影協力

- UTUWA
- AWABEES

Special Thanks

- Vitamix（Entrex）

TITLE

無蛋奶麵粉！第一次就烤出香綿生米麵包

STAFF

出版	瑞昇文化事業股份有限公司
作者	Leto史織（リト史織）
譯者	沈俊傑
總編輯	郭湘齡
責任編輯	張聿雯
文字編輯	徐承義　蕭妤秦
美術編輯	許菩真
排版	執筆者設計工作室
製版	印研科技有限公司
印刷	桂林彩色印刷股份有限公司
法律顧問	立勤國際法律事務所　黃沛聲律師
戶名	瑞昇文化事業股份有限公司
劃撥帳號	19598343
地址	新北市中和區景平路464巷2弄1-4號
電話	(02)2945-3191
傳真	(02)2945-3190
網址	www.rising-books.com.tw
Mail	deepblue@rising-books.com.tw
初版日期	2020年12月
定價	320元

ORIGINAL JAPANESE EDITION STAFF

撮影	北川鉄雄、石田純子
スタイリング	坂上嘉代
編集協力、文	岡田夏子
モデル	蒼空、仁花
デザイン	細山田光宣＋木寺 梓（細山田デザイン事務所）
イラスト	takayo akiyama

國家圖書館出版品預行編目資料

無蛋奶麵粉!第一次就烤出香綿生米麵包/Leto史織(リト史織)作；沈俊傑譯. -- 初版. -- 新北市：瑞昇文化事業股份有限公司, 2020.12
96面；18.2X24.5公分
ISBN 978-986-401-453-8(平裝)

1.點心食譜 2.麵包

427.16　　109017579